焊接组对与工装技能小窍门

KNOW-HOW

中国职工技术协会 组织编写
王铵 主编

中国工人出版社

图书在版编目（CIP）数据

焊接组对与工装技能小窍门 / 王铵主编. —北京：中国工人出版社，2021.8
ISBN 978-7-5008-7711-0

Ⅰ.①焊… Ⅱ.①王… Ⅲ.①焊接工艺 Ⅳ.①TG44

中国版本图书馆CIP数据核字（2021）第157457号

焊接组对与工装技能小窍门

出 版 人	王娇萍
责 任 编 辑	赵静蕊
责 任 印 制	栾征宇
出 版 发 行	中国工人出版社
地 址	北京市东城区鼓楼外大街45号　邮编：100120
网 址	http://www.wp-china.com
电 话	（010）62005043（总编室）
	（010）62005039（印制管理中心）
	（010）82075935（职工教育分社）
发 行 热 线	（010）82029051　62383056
经 销	各地书店
印 刷	北京市密东印刷有限公司
开 本	787毫米×1092毫米　1/32
印 张	4.625
字 数	80千字
版 次	2021年11月第1版　2021年11月第1次印刷
定 价	35.00元

本书如有破损、缺页、装订错误，请与本社印制管理中心联系更换
版权所有　侵权必究

技能小窍门百科丛书·焊工系列
编委会

主　任：王　铵
副主任：刘建华　万升云
编　委：汤旭祥　钟　奎　韩晓辉　王春生
　　　　吕纯洁　张志昌　侯振国　黄玉明
　　　　卢永建　戴忠晨　张合礼　张　忠
　　　　赵　卫　刘志彬　孙景南　李万君

目 录

引 言   001

上 篇 焊接组对技能小窍门   005

 1. 电力机车牵引杆焊接技巧   007

 2. 电阻点焊快速定位操作方法   017

 3. 构架弹簧筒焊接平面度控制技巧   022

 4. 构架制动吊座组对精度控制技巧   031

 5. 焊条电弧焊组对焊接接头操作方法   039

 6. 横梁内腔堵板装配技巧   045

 7. 机车端部装配焊接变形控制方法   053

8. 三点交会位置焊缝打磨技巧　　　　　　　　061
　9. 管材对接焊缝快速调平技巧　　　　　　　　068
　10. 中厚板对接焊缝裂纹预防方法　　　　　　　074
　11. 纵向梁焊接变形控制方法　　　　　　　　　079

下　篇　焊接工装技能小窍门　　　　　　　　　　089
　1. 工艺支撑快速拆卸方法　　　　　　　　　　091
　2. 构架狭窄空间焊接操作方法　　　　　　　　097
　3. 火焰下料割炬精确调整方法　　　　　　　　103
　4. 角焊缝截面快速检测方法　　　　　　　　　110
　5. 箱形侧梁可调式变形控制技巧　　　　　　　116
　6. 仰角焊缝自动焊接装置应用　　　　　　　　123
　7. 自动焊接生产线焊接变形控制方法　　　　　130

引言

在焊接过程中用于装夹工件或定位尺寸的装置一般称为工装；组对则是将焊前加工好的零件、部件，采用适当的方式，按照图纸或技术文件，拼对成符合尺寸要求的整体构件的工艺过程。焊接工装和组对在保障焊接质量、提高焊接生产效率、降低生产成本等方面发挥着越来越大的作用。

本书介绍了轨道交通典型零部件牵引杆、构架、横梁、纵梁的组对和焊接变形控制工装，以及辅助工艺支撑的快速拆卸工装等。另外，对电阻焊零件快速定位装置和角焊缝截面尺寸快速检测量具等也分别作了详细说明。这些利用工装夹具快速定位或精准装配的操作技巧或小窍门，减少了人为因素对产品质量的影响，有效地控制了产品精度，避免了焊接缺陷的产生，提高了生产效率，提升了产品质量。

本书是众多生产一线的焊接作业人员，根据自己在解决实际焊接问题过程中的经验积累，提炼出的一些焊接工装及组对的先进技能操作法以及绝招绝活。全书通俗易懂、简明扼要、图文并茂，还配有实际操作视频，是广大焊接作业人员在接受培训以及日常实际焊接过程中的必备工具书，也可作为焊接结构设计、工艺、管理及检验人员了解焊接工艺技术的参考资料，具有较高的实际参考价值和较大的借鉴作用。

上篇 焊接组对技能小窍门

1 电力机车牵引杆焊接技巧

一、问题描述

1. 电力机车牵引杆焊接现状

电力机车的牵引杆大都由牵引管体和两端法兰三个部分组成,如图 1 所示。作为车体钢结构与转向架间的唯一纵向承载件,在机车运行过程中,受牵引力、制动力和变载荷冲击等的共同作用。其抗变载荷性能、抗疲劳性能将直接影响机车的安全运行。在牵引杆的各制造工序中,管体和法兰的

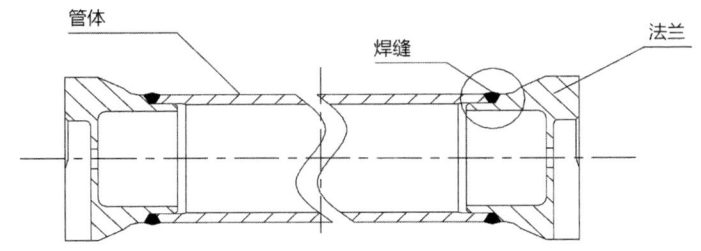

图 1 牵引杆结构及接头形式示意图

焊接工序是重中之重,其焊接质量不仅影响着牵引杆的成品率,更是与机车的安全运行息息相关。因此,牵引杆的焊接也成了机车制造中的关键工序和特殊工序。

我公司最新研制的某型高速客运电力机车所使用的牵引杆同样采用了管体加法兰的结构形式。作为满载功率7200kW、轴重25t的6轴牵引机车,其满载运行时,对牵引杆的机械性能要求极高。因此,法兰选材为14NiCrMo10-6V、管体则为Q345E,充分结合和发挥了母材的高强度和优秀的低温冲击性能。但在焊接工序方面,异种钢的焊接则具有一定的难度,不但要求焊工要具有较高的技能水平,更要有一套严谨完善的焊接工艺。我公司为该型牵引杆制定的焊接工艺中的重点工艺过程包括:焊前预热220~230℃、层间清渣温度230~250℃、焊后使用保温棉缓冷至室温、100%射线探伤和100%表面磁粉探伤等项。

2. 牵引杆焊接中存在的问题及分析

牵引杆的焊接工序是在专用的旋转工装上进行的，旋转方向和速度均可调整，这样就可对管状零件进行一定速度区间内的匀速焊接。另外，也可配备一轴变位器的焊接机器人进行焊接作业。但在前期对牵引杆的焊接试制中，成品经常出现焊肉下塌、咬边的现象。焊后进行X射线探伤检测时，发现在焊缝根部及焊趾位置存在局部未融合现象。这些缺陷都会严重降低焊接强度或产生局部应力集中，将严重影响行车安全，必须进行返修处理，若两次返修后仍存在缺陷，则将对该牵引杆做报废处理，对生产周期和成品率都将造成巨大影响。

造成焊肉下塌、咬边、根部未融合等缺陷的主要原因就是：焊接速度过快。结合原有焊接工艺中的施焊位置进行分析，如图2所示，管体顺时针旋转，施焊点在管体的10点钟位置，假想焊接平面与水平面成60°夹角，焊枪相对于假想焊接平面的角度为80°~85°。综上，此时的焊接方式属于向下焊，所使用的焊接工艺参数均是在此基础上制定的。

若欲降低焊接速度，则必须从改变施焊位置入手，从而改变焊接方式,再配以合适的焊接参数。最终实现降低焊接缺陷,达到提升生产周期和成品率的目的。

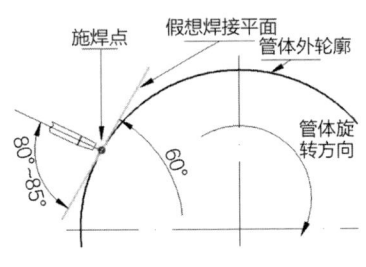

图2 原工艺焊枪位置和角度

二、解决措施

1. 电力机车牵引杆焊接的工艺改进措施

(1) 调整施焊点在管体的位置。

在不同焊接方式中,水平焊的焊接速度适中、焊缝成型稳定、表面缺陷和根部融合都较为容易控制。因此,可通过改变施焊点在管体上的位置,使焊接方式转变为水平焊。最理想的施焊点就是管体的12点钟位置,但由于管体在焊接过程中始终处于匀速转动状态,焊枪的位置或角度稍有偏差就会出现铁水倒流或加速流动,致使焊缝表面成型不良。通过对多个预选施焊位置的对比分析,最终敲定施焊位置为管体的 2 分（分针）位置，如图 3 所示，即与绝对垂直面成 12°夹角。

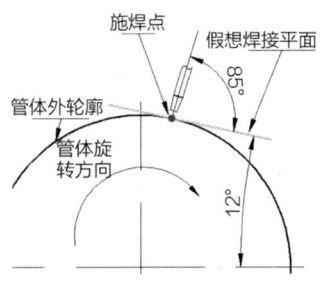

图 3　改进后焊枪位置和角度

在该位置施焊时，假想焊接平面与绝对水平面成 12°夹角，焊枪相对于假想平面的角度为 85°，焊接方式与水平焊相当，可使用近似水平焊的工艺参数，但在焊接速度方面还需要根据坡口的角度和大小进行细化调整。

（2）调整焊接速度。

牵引杆焊接时，管体与法兰的接头形式（如图 4 所示）采用 60°V 形坡口、无钝边、根部间隙 6mm，这种焊接属于大间隙、中厚母材对接焊，必须采用多层焊法才能保证焊接质量。依据同类型水平焊的工艺参数以及所使用焊机的送丝速度，通过焊缝总体积的计算和分配，最终确定焊缝层数为三层，分别为①打底层、②中间层、③盖面层。另外，需要注意的是，为了降低焊缝表面成型时的内凹和咬边现象，同时提高动载荷的承受能力，盖面层需要形成1~3mm的焊缝余高。三层焊缝的高度分别为5mm、3.5mm、2.5mm，各层的焊接速度分别为：打底层4.5mm/s、中间层和盖面层4.3mm/s。

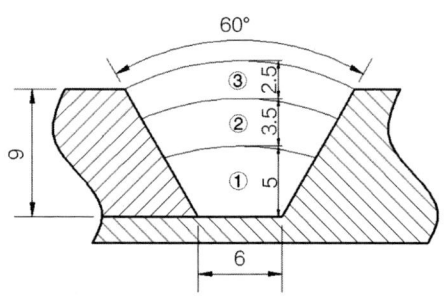

图4 焊接接头形式及层间高度（单位：mm）

2．牵引杆焊接中的操作技巧

（1）焊枪位置和角度的确定。

在理论上确定了施焊位置、焊枪角度以及各相关工艺参数后，具体的施焊操作也同样具有很大的难度。由于起弧点十分接近管体的12点钟位置，操作中稍有不慎，就会引起铁水加速流动或倒流。另外，由于焊接平面仅为虚拟存在，实际操作中很难精准把控焊枪角度。在不使用焊接机器人的情况下，只能依靠员工的经验和反复练习来减小操作误差。

为了解决这一问题，使员工尽快掌握焊接技巧。我们设计制作了一套用于定位焊枪位置和角度的工装，如图5所示。焊接时，只需将枪头根部靠在工装的角度定位板上，此时枪头即处于合适的施焊位置，焊枪角度也同时达到理论尺寸，只需使枪头沿角度定位板左右摆动即可完成焊接操作。如需临时对焊道进行补救，可将枪头紧靠角度定位板上沿或下沿的一侧做微量摆动，就可以在一定范围内完成补救操作（此方法需要一定的操作经验）。

图5 焊枪位置及角度定位工装

（2）三等分法标记起弧位置。

在牵引杆各层焊缝的焊接间歇期，除了有对打磨清根作业及层间温度的严格要求外，为避免焊接应力的产生，要求各层的接头位置尽可能远离，最小间距50mm。但由于管体一直处于转动状态和打磨作业的不确定性,员工很难准确判断和把握起弧时机,增加了接头重叠的危险性。

为避免这一隐患,我们使用了三等分标记法,即在管体上分别标示出间距120°的带有编号的三条标记线,并在管体的12点钟位置制造标记工装,如图6所示。在进行具体焊接操作时,员工可依据标记线序号依次进行三层的焊接作业,当某条标记线通过标记工装2.5~3s后,即为该层焊缝的起弧时机,起弧位置误差不超过5mm。这样就可以最大限度地使各层的接头位置远离。

图6 起焊标记工装

三、实施效果

通过以上工艺改进措施和操作技巧的运用,牵引杆的焊接质量得到了明显提升。焊缝成型再无表面缺陷,在形成

2mm盖面余高的同时,焊道与母材过渡平滑,焊后无须过渡打磨处理,如图7所示,为改进前后焊缝表面成型对比。在焊后X射线探伤方面,一次通过率也有明显的提升。以往同类型产品X射线的一次通过率仅为90%左右,且存在修复后仍不合格,最终报废的情况。在改进后,新车型的小批量试制生产中,X射线的一次通过率达到了98%。最新批次的16根牵引杆的生产中,更是达到了100%的一次通过率,且无报废情况出现。

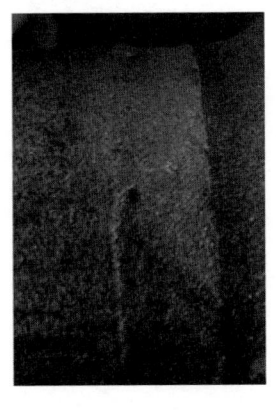
(a) 改进前

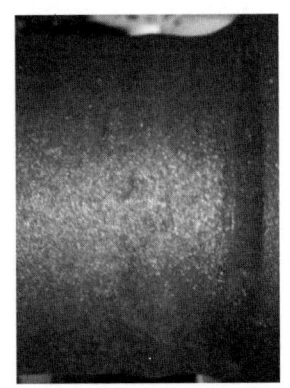
(b) 改进后

图7 改进前后焊缝外观对比

电力机车牵引杆焊接小窍门,是提升牵引杆焊接质量的一套行之有效的操作方法。其中包括了多个具体的操作项,是生产经验和焊接工艺理论的有效结合。该小窍门解决生产疑难问题的思路和方法是值得同类产品或其他焊接产品引用或借鉴的,具有较高的实际生产价值。

扫码观看视频讲解

(中车大连机车车辆有限公司:于静,李冰,刘峰,乔岩)

2 电阻点焊快速定位操作方法

一、问题描述

电阻点焊作为常见的焊接工序，常用于薄板连接，原理是将焊件装配成搭接接头，并压紧在两圆柱状电极之间，利用电阻热熔化母材金属形成熔核，实现工件连接，如图1、图2所示。

通常操作人员把待焊工件移入上下电极之间，并水平放置在下电极上，同时移动工件将待焊点对准上电极，目测对

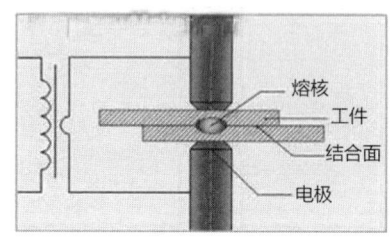 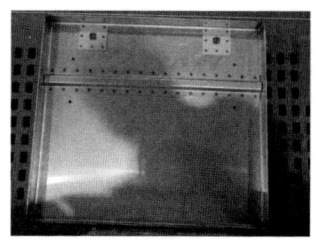

图1 电阻点焊原理示意图　　　图2 电阻点焊产品

准位置后,启动开关完成焊接,然后循环进行下一个焊点的焊接。

为保证焊点位置准确,必须在电极下压前,提前移动工件将待焊点对准电极。但此时下电极被工件覆盖住,无法观察,上电极相对工件处于悬空状态,如图3所示,很难直接判断下压后的位置,必须从左右和前后各个方向反复进行观察,如图4所示,然后不断调整工件位置,耗时较长,而且容易造成焊偏。如果直接压上电极,虽然容易判断位置,但若工件位置有误时又要抬起电极,这样不断下压和抬起电极,效率更慢。碰到大工件多人协同操作时,效率会更低,更易发生焊偏的情况。

图3 上电极悬空判断不方便　　图4 需要从各个方向进行观察

二、解决措施

配置普通激光笔和磁性百分表座各一套，将激光笔装夹在磁性百分表座上，然后靠磁力吸附在电阻焊设备上（也可通过螺栓固定在设备上），如图5所示。

图5 通过螺栓固定

打开激光笔电源,发出红色可见激光,照射到物体上呈现小圆点,调整激光笔位置让光斑落到下电极的中心,如图6所示(可根据实际情况,稍作调整)。焊接过程中,只需将焊点调整到激光光斑上,即可确保电极下压在预定的焊点位置,如图7所示。

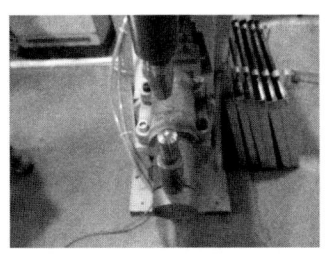 

图6 调整光斑到下电极　　图7 调整工件使目标焊点调整到光斑上

三、实施效果

(1)由于光点呈红色,照在工件表面清晰可见,操作人员不必左右变换观察位置及角度,一眼便能判定位置是否准确。

(2)提高焊接精准度,产品的一致性好。

(3)操作简单,对操作人员能力要求降低。

(4)生产效率显著提高。

扫码观看视频讲解

（中车戚墅堰机车车辆工艺研究所有限公司：史振华）

3 构架弹簧筒焊接平面度控制技巧

一、问题描述

1. 焊接构架现状简介

构架是一个典型的框架结构,材料是 EN10028-P355NL1,板厚 6~12mm,结构如图 1 所示。

构架是转向架的重要承载部件,承受垂向、横向及纵向载荷等复合载荷作用,对车辆能否安全运行起到决定性的作用。由于控制焊接变形不力所造成的后续组装困难,以及引

图 1 焊接构架示意图

起的应力集中等问题,都会对构架的正常使用产生极大的影响。为了保证构架产品的质量,保证车辆行车安全,预防以及控制焊接变形就显得非常重要。

2. 构架焊接时存在的问题及改进方向

由于制造工艺等方面的原因,在生产过程中,常出现组装焊接时弹簧筒至构架中心距尺寸偏差 3mm 左右,弹簧筒的平面度相差 5mm 左右,造成侧梁与端梁连接时对接焊缝错边且间隙过大,给组装带来很大困难。

工艺文件要求弹簧筒平面度不大于 3mm,焊后整体尺寸误差不大于 3mm。所以通过对构架结构和工艺的详细分析,我们找出了影响焊接变形的原因,采取有效的工艺方法和控制变形的措施,改进了部分工艺流程,确保了焊接质量,为顺利实现后续加工及满足装配质量提供了必要的条件。

二、解决措施

1. 工艺措施

焊接构架时，根据对质量、强度的要求，以及生产效率和实际的生产设备条件，侧梁与横梁V形坡口对接焊缝采用TIG（非熔化极惰性气体保护电弧焊）打底，保护气体为工业纯氩，即99.99%Ar。

TIG的特点是保护效果好，因为氩气不与金属发生反应，也不熔于金属，焊接过程基本上是金属熔化与结晶的简单过程，因此焊缝质量高，同时，电弧受氩气流冷却和压缩作用，电弧的热量集中且氩弧的温度高，故热影响区很窄，因此焊接的变形和应力小。

中间层和盖面层采用碱性焊条手工焊的方式，焊条牌号E425，手工电弧焊比TIG效率高，并且金相组织细，热影响区小，焊接内应力小，接头性能好。

其余角接焊缝均采用局部TIG打底，然后用MAG（熔化极活性气体保护电弧焊）填充盖面。保护气体为80%Ar+20%CO_2，其不仅具有氩弧焊的特点（电弧燃烧稳定、飞溅小、可用于喷射过渡),又有氧化性,克服了纯氩保护时的表面张力大、液体金属黏稠(流动性差)、易咬边等问题,同时改善了焊缝成型,具有深圆弧状熔深,可用于喷射过渡、脉冲射流过渡和短路过渡,并且电弧在保护气体的压缩下,热量集中,焊接热影响区窄,焊件变形小。

2. 操作手法

(1) 反变形法。

根据多年的现场工作经验,以及对于焊接变形理论的理解,从而预测的焊接变形大小和方向,在待焊工件装配时造成与焊接残余变形大小相当、方向相反的反变形量,焊后焊接残余变形抵消了反变形量,使构件恢复到设计要求的尺寸与几何形面。反变形效果如图2所示。

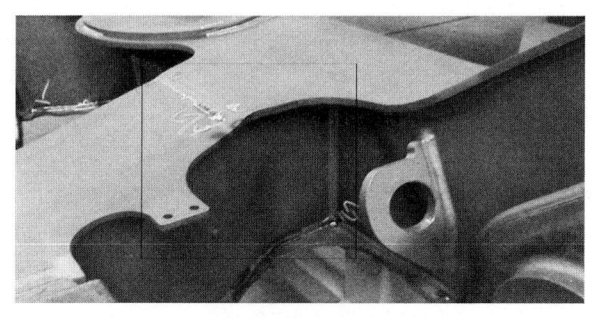

图2 反变形效果

(2) 采用合理的焊接参数,减小热输入。

热输入是焊接过程中,对单位长度的焊缝所输入的热能,是产生焊接应力与变形的决定因素。而焊接的热输入则取决于在焊接过程中的焊接电流、电压数值以及焊接的速度等工艺参数。

侧梁与横梁对接焊缝的板厚是 8~12mm,呈双边 V 形对接焊缝,焊接参数如表 1 所示。

表 1 焊接参数

焊接次序	1	2	3~4	5~8	9
焊接方法	141,Φ2.4mm	111,Φ3.2mm	111,Φ4.0mm	111,Φ5.0mm	111,Φ5.0mm
焊接位置	水平	水平	水平	水平	水平
电源特性	直流正接	直流反接	直流反接	直流反接	直流反接
焊接电流(A)	125~165	130~140	165~180	190~210	190~210
焊接电压(V)	11~13	25~26	23~25	23~25	23~25

侧梁与横梁补板 U 形焊缝采用单边 V 形坡口角接焊缝,板厚是 8mm,采用的焊丝为 G4Si1Φ1.2mm,焊接规范参数如表 2 所示。

表 2　焊接规范参数

焊接次序	焊接方法	焊接位置	电源特性	焊接电流（A）	焊接电压（V）
1	141，Φ2.4mm	水平	直流正接	140~180	11~13
2~3	135，Φ1.2mm	水平	直流反接	270~300	29~33

（3）选择合理的装配和焊接顺序。

为了保证构架的尺寸精度，提高装配焊接效率和焊接质量，批量生产的构架均在工装上组装和焊接变位器上焊接，实现一次装配和点焊，然后启动变位器，使焊缝位于最佳施焊位置（平角焊）。

采用的焊接顺序为：先焊接对接焊缝和U形焊缝的TIG打底，然后再焊接对接焊缝的手工焊填充盖面，最后分中对称、由里向外，焊完构架内侧焊缝后，再焊接构架外部的焊缝，如图3所示。

①对焊点与焊缝尺寸的要求。

为了保证每个焊点的焊接质量和受力尽可能均匀，要注意焊点直径和焊点排列。

②焊点直径。

因为横梁补板是6mm，侧梁腹板是8mm，上下盖板是

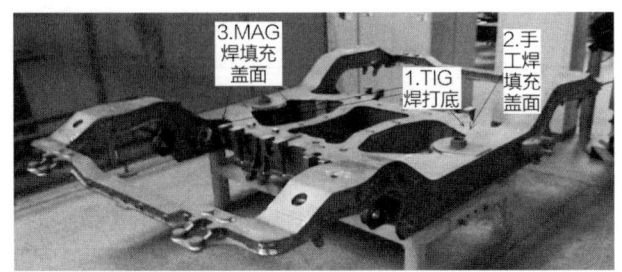

图3 构架焊接顺序示意图

12mm，可按公式 $d=2.2t$（式中 t 为较小板厚），得出焊点直径约为13mm。

③焊点排列。

为了避免焊接缺陷，使焊缝有连续性，焊点位置尽可能放在角向砂轮好打磨处，焊点间距250mm左右，正式焊接前要打磨焊点，避免焊接缺陷。

④焊缝尺寸。

为了减少焊接变形，在满足工艺要求和不影响强度的情况下，焊缝尺寸应尽可能小。（U形焊缝焊角尺寸略高于坡口平面15°~20°）

⑤焊接温度。

焊接环境温度应不低于10℃，湿度控制在80%以内，为了限制和缩小受热面积，保证层间温度在180℃以下。

⑥焊后处理。

焊完每一道焊缝后,都要检查焊缝质量,及时清渣、修补。并将焊缝表面打磨圆滑。

⑦焊后矫正处理(如图4所示)。

热调修时将构架放在平衡胎上,用液压工具顶到合适尺寸后进行火焰矫正,线性加热温度要小于600℃,加热宽度在30mm范围内,热调后让构架在自然状态下慢慢冷却。当变形较大时,热调采用锲性加热,最大宽度为70mm,两次加热区域保持不小于50mm的距离(只限于弹簧筒的平面度)。

图4 焊后矫正处理

三、实施效果

(1)新的工艺方案改进后,通过很长一段时间内对上百辆车进行质量跟踪,发现效果明显,构架组装焊接后的弹簧筒平面度不大于3mm,焊后整体尺寸误差在±1.5mm之内,基本达到了对尺寸范围的要求,符合工艺要求。

(2)通过对构架焊接工艺的改进,不仅大大降低了焊后调修的工作量,给下一道工序的装配提供了良好的保证,而且提高了工作效率,保证了产品质量。

扫码观看视频讲解

(中车南京浦镇车辆有限公司:何俊喜,孙景南,徐安兵)

4 构架制动吊座组对精度控制技巧

一、问题描述

1. 现状简介

机车制动就是人为地制止列车的运动,包括使它减速、不加速或停止运行。

现有的中高速机车采用的制动方式主要是盘形制动,即在车轮辐板侧面安装制动盘,通过摩擦产生制动力,使机车停止前进,由制动盘和制动夹钳组成的制动装置被称为"制动单元"。

而安装制动单元的安装座被称为"制动吊座",制动吊座被组焊在构架上。在转向架组装时,通过螺栓连接将制动单元安装在制动吊座上,从而实现制动单元的固定,如图1所示。

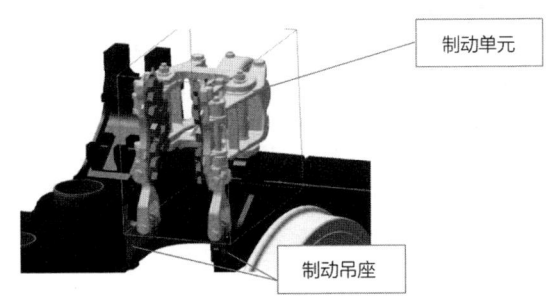

图1　制动单元与构架的连接方式

制动吊座的组焊工艺分两部分,其中构架下盖板面上的制动吊座用来固定制动单元,其安装面和定位孔是通过构架整体加工来保证的;而立板上的制动吊座安装有制动吊杆,由于制动吊杆会随着制动夹钳的夹紧和松开在吊座内活动,为了减少制动吊座的磨损,设计师在该吊座孔内安装了衬套,所以该吊座需要单件加工好,安装衬套后通过手工画线组对来保证其安装面和定位孔的位置。见图2所示。

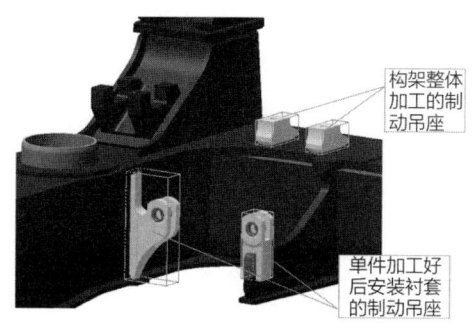

图 2 两种制动吊座

2. 构架制动吊座组对存在的问题

构架制动吊座组对存在的主要问题是组对精度的控制问题,即组对好的制动吊座各方向尺寸与图纸尺寸公差要求的符合性。

图纸要求:在构架高度方向,制动吊座到二系弹簧安装面的距离 Z 为 ±0.5mm;在构架宽度方向,两个制动吊座孔间距 Y_1 为 ±1mm,两吊座中心与侧架中心平行且距离 Y_2 为 ±1mm;在构架长度方向,制动吊座到构架轴心距离 X 为 ±1mm。见图 3 所示。

由于制动吊座涉及很多的空间尺寸且精度要求较高,除了两个制动吊座孔间距 Y_1,其他尺寸无法直接测量。高度方向,制动吊座孔心到一系弹簧盘面的距离 Z,需要借用划针

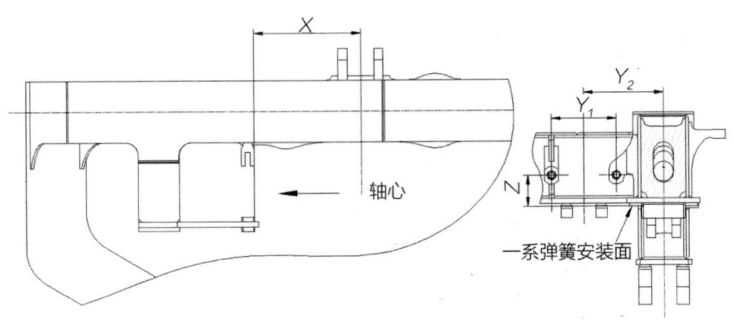

图3 制动吊座定位尺寸

盘换算尺寸;构架宽度方向,两吊座中心与侧架中心平行且距离为Y_2,需要分别测量单个制动吊座中心到侧架中心距离并换算;构架长度方向,制动吊座到构架轴心距离X,需要借助平尺将构架的轴心实体化,才能进行测量。所以制动吊座通过人工画线组对效率非常低,且容易出现错误,很难保证尺寸符合图纸尺寸公差要求。

制动吊座尺寸不符合图纸要求,会出现以下两种问题。

(1)尺寸严重超差,影响制动单元安装。

制动单元无法安装,造成返修。由于构架无法在组装产线返修,只能返回焊接产线返修;尺寸超差的吊座取下后无法使用,需要重新补料;返修的过程需要铆工、焊工及其他各种辅料等;造成运输的浪费、物料的损失、人工成本的增加，产生大量的浪费。

（2）尺寸超差较小，不影响制动单元安装。

虽然不影响制动单元安装，但是容易出现制动单元安装后，制动夹钳摆动不灵活、制动盘与车轮辐板的相对位置出现偏差等问题，在机车运用过程中，容易出现制动单元无法给车轮提供足够的制动力，从而会出现非常严重的后果。

二、解决措施

1. 改进方向

经过实际观察现场操作过程，研究分析确定改进方向。所有的尺寸均需通过人工画线确定，那么尽可能多地减少人为的因素，就能够提高组对的精度，保证制动吊座的位置尺寸。

所以，笔者决定设计制造专用的组对工装，通过使用工装组对，既能减轻操作者的劳动强度，又能起到防错的作用。

2. 实施过程

（1）制作组对工装。

参考制动单元结构，制作定位工装，如图4所示。

图 4 制动吊座定位工装

定位工装分为三个部分，左侧的夹紧部分和右侧的定位部分及定位销，夹紧部分包括夹板与螺杆，螺杆与定位部分通过焊接连接在一起，起到夹紧制动吊座的作用；定位部分采用 Q345E 板材，通过焊接方式连接在一起，使用三维画线仪画线，加工中心进行加工，保证定位孔与安装定位面的位置关系。

（2）操作过程。

以构架整体加工的制动吊座螺纹孔及加工面作为定位基准，将工装定位孔与制动吊座螺纹孔对齐，保证工装定位孔加工面与制动吊座加工面贴合，使用螺栓连接，将工装与构架把紧。再将需要安装的制动吊座插入定位销，外侧的制动吊座与补强板连接，内侧的制动吊座与侧架内立板贴合，检查工装上的中心线与侧架中心线的距离，确认无误后用定位焊固定，即可组对完成，如图5所示。

图5　组对过程

三、实施效果

使用组对工装组焊的制动吊座，经过三维画线仪的检测，各尺寸完全满足图纸要求，并且组对时间大幅缩短，减少了大量的测量，减少了基准的转换，显著地提高了组对的精度。并且能够保证所有的制动吊座均符合图纸要求，起到了防错的作用。

并且，减少了大量不必要的返修。据估算，每个构架有12个制动吊座，人工组对的返修率在20%，返修一个制动吊座需要2h，制动吊座板材下料及单件加工费用为288元，所以每个构架返修成本为：返修的数量×（人工费+物料费）= 12×20%×（288+2×80）≈1075元。

通过以上对制动吊座组对工艺的改进，制作组对工装，可以显著地提高制动吊座的组对精度。并且，能够大幅减少操作者的劳动强度，有效地提高产品质量。保证机车在运行过程中，制动单元能够给机车提供足够的制动力，保障机车的运行安全。

扫码观看视频讲解

（中车大连机车车辆有限公司：孙旭）

5 焊条电弧焊组对焊接接头操作方法

一、问题描述

1. 焊条电弧焊焊缝接头简介

后焊焊缝与先焊焊缝的连接处称为焊缝的接头。焊条电弧焊时,受焊条长度或焊接位置的限制,在焊接过程中产生焊缝接头的情况是不可避免的。焊条电弧焊接头质量的高低直接影响焊缝的外观成型及内部质量,影响焊缝在使用中的寿命。常用的焊缝接头有中间接头法、相背接头法、相向接头法和分段退焊法。在焊接过程中,我们通常采用中间接头法,中间接头法是指从先焊的焊缝尾部开始接头焊接,即头尾相接。

2. 焊条电弧焊焊缝接头存在的问题及改进方向

焊条电弧焊焊缝接头处是最需要慎重处理的,无论是多层多道焊接还是单道焊接,接头处理不好,就很有可能产生焊接缺陷,产生应力集中,导致焊缝完工后外观成型差以及产生内部质量缺陷。尤其在焊条电弧焊立焊和仰焊过程接头时,因接头时焊缝温度降低,导致铁水和药皮混在一起不容易观察,特别容易造成焊缝过高、脱节、宽窄不一致、夹渣、气孔、熔合不良等焊接缺陷。

通常焊条电弧焊焊缝接头时,在弧坑前 10mm 处起弧,随后将电弧回移到弧坑边缘最高处,稍微摆动,开始正常焊接,如图 1 所示。这种操作方法,起弧距离短,焊缝接头温度低,导致铁水和药皮混在一起不易观察,且直接拉至弧坑最高点开始摆动,稍有不慎就会造成焊缝接头点超高或脱节,严重时会造成夹渣、气孔、未熔合等焊接缺陷,因此这种操作法对焊工的操作熟练度要求很高。

焊接接头连接的质量高低及平整与否,都与焊工的操作熟练度有关，同时还和接头处温度高低有关，温度越高，连接得越平整，质量越高。在焊接接头过程中如何提高焊缝接头温度，以及如何提高焊工的操作熟练度，是减少焊接缺陷产生的关键。

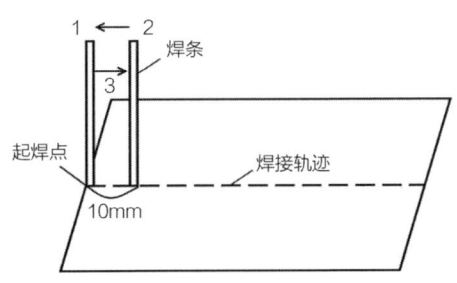

图1　常规焊接接头操作示意图

二、解决措施

1. 工艺措施

6字焊接接头法是指在焊条起弧后，沿着焊缝弧坑边缘将焊条运出一个数字6的轨迹，填满弧坑后进行正常焊接，运条轨迹如图2所示，6字焊接接头法通过改变焊条的运行轨迹使得操作者更易观察熔池，容易操作，增加起弧点与弧坑的距离使得电弧通过多在未焊区加热来提高焊接接头温度，如图3所示，起弧距离增加为15mm，温度越高，接头越平整，内部质量越高。

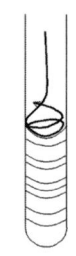

图2　6字焊接接头法运条轨迹　　图3　6字焊接接头法示意图

2. 操作方法

（1）仔细处理接头。为了保证接头质量，需仔细观察焊缝接头有无焊接缺陷，接头处的先焊焊道必须处理好，如没有焊接缺陷，接头区打磨成斜坡状；如果发现先焊焊缝太高或有焊接缺陷，应先将焊接缺陷清除掉，并打磨成斜坡状。

（2）快速换焊条。前一根焊条焊接完成后更换焊条速度要快，熄弧后再起弧的间歇时间要短，以免熔池温度降低，影响接头处焊缝的平整性。

（3）找准起弧位置。起弧位置要准，操作时，应在弧坑前约15mm处起弧，可将电弧控制得比正常焊接时略长来进行预热（低氢型焊条电弧不可拉长，否则很容易产生气孔）。

（4）稳定运条。将电弧后移到原弧坑焊缝边缘处，沿着弧坑边缘走一个数字 6 的运条轨迹，填满接头弧坑。开始正常焊缝运条时，要注意保持与前一根焊条所焊焊缝宽窄高低一致，才能保证接头平滑过渡，减少焊趾处的应力集中。

（5）在直线运条和直线往复运条中不适宜用 6 字焊接接头法操作。

三、实施效果

焊接接头内部质量合格率提升、操作难度下降。

研究证明，通过改变运条轨迹和引弧距离长度，能够有效提高接头温度，使熔池内气体、熔渣更加快速地溢出，大大降低了操作难度，操作者更容易学习掌握接头方法，更容易观察熔池，分清铁水和熔渣。这些都使得焊条电弧焊焊缝接头射线探伤通过率大幅度提升，焊缝外观质量、美观度进一步提高，整体质量得到提升。采用 6 字焊接接头法进行改进后，效果如图 4 所示。

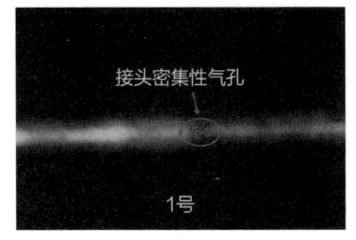 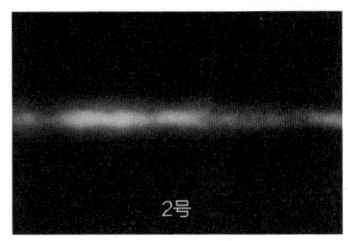

(a) 改进前 (RT)　　　　　　(b) 改进后 (RT)

图4　6字焊接接头法效果对比

扫码观看视频讲解

(中车戚墅堰机车车辆工艺研究所有限公司：沈芸；中车兰州机车有限公司：王继荣)

# 6 横梁内腔堵板装配技巧

一、问题描述

构架横梁钢管作为转向架减震系统气室的一部分,需要对横梁钢管两端用堵板进行封堵焊接,形成气密性腔体,如图1所示。堵板单件通常为边缘带有坡口的圆盘状,直径小于钢管内径2mm左右。堵板组装配时需沉入横梁钢管内部,并且需与钢管轴向呈互相垂直状态。因焊缝本身有气密性的要求,对堵板装配的要求很高。

图1 转向架气室及堵板位置示意图

操作难点如下：堵板要沉于钢管内，同时堵板与钢管内壁要保证间隙均匀，确保焊缝根部能有良好的熔透性。

一般采用方法之一：纯手工装配方式，先将堵板点固定在一根小铁棒上，伸入钢管内后，使用测量工具测量后，先将一点定位，由另外一人进行定位焊，再利用测量工具对其他部位的尺寸进行测量和调整，然后再进行整体定位焊，确认尺寸无误后再将小铁棒打磨去除。装配人员须同时保证堵板在钢管内的深度尺寸、左右间隙、平面度等技术要求，对操作人员技能要求高，容易出现组偏、间隙不均匀、打磨去除铁棒伤母材等问题，还需两人配合作业，不能保证一次装配成功。

一般采用方法之二：采用辅助装置装配方式，如图2所示。装置由把手（钢棒）、磁吸圆盘、三脚支架三个部分组成。即在钢棒头上焊接一个小于堵板直径的带有磁力的小圆盘，按照设定的尺寸在钢棒表面均匀焊上三脚支架，三脚支架撑开的尺寸要大于钢管外直径尺寸。磁吸圆盘与三脚支架平面在整体加工后，尺寸相互平行，从而与钢管端部形成卡扣式结构。操作时用磁吸圆盘对准堵板中心位置贴合，吸附固定，伸入钢管内将支架卡在钢管端部，即可定位好堵板沉入钢管内的位置，通过把手可方便地进行左右间隙调整，单人即可实现堵板尺寸准确、可控的装配作业。

存在的问题：现有辅助装置功能单一，只能适用于能使用磁吸圆盘定位的圆形堵板装配作业，因三脚支架自身尺寸的唯一性，每种不同深度的堵板需要单独制作，在遇到特殊结构的中空环状堵板组装作业时，则无法匹配使用，如图3所示。

在进行中空环状堵板装配时，原有的磁吸圆盘缺少了定位面，无法进行一次性定位，只能采取先定位一角，辅以测

图2 组焊装置结构示意图

图3 中空环状堵板结构示意图

量工具进行反复测量后再实施单点定位焊,然后再进行其他两点位置的调整定位,对操作者自身的技能要求较高,单人无法完成操作,效率较低且尺寸难以保证精确,存在返工风险,进而影响堵板后续焊接质量,如图4所示。

图 4　中空环状堵板装配示意图

二、解决措施

针对堵板的环形结构特点，制作一种新型的可调节尺寸的定位辅助装置，将原来钢棒上的竖支架改为三块平板式的支架，支架上增加水平方向的多个螺纹孔用以调节螺杆间距，同时采用三个头部带有磁柱的螺杆替换掉原来端部的磁吸圆盘。见图 5 所示。通过调整螺杆在支架上的左右位置，实现装配实心和空心堵板的自由切换，并通过螺杆调整平面高低，可以满足各种深度尺寸的精确定位需求。

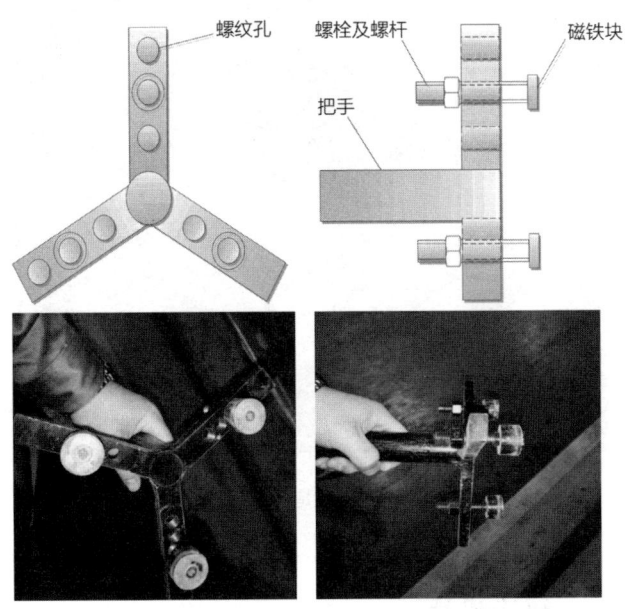

图5 新型组装装置结构示意图

操作过程如下。

（1）支架上螺杆左右间距可调，可根据不同需求增加应用范围，同时满足圆盘堵板和各种直径不同的环形堵板的装配需求。

（2）根据不同车型堵板在钢管内的不同尺寸要求，通过螺杆转动将三根螺柱长度调整为同一尺寸,并通过支架背部的紧固螺栓进行锁定。

(3)将支架卡在横梁钢管端部进行定位,左右间隙调整均匀后,利用三脚支架间隙进行点位焊焊接操作。如图6所示。

图6 实际运用效果示意图

三、实施效果

通过上述改进,实现了钢管内腔堵板的快速装配,只需一次即可保证间隙均匀性,成功解决了焊接构架横梁中空环状堵板组装难题。既提升了堵板装配效率,又可满足各类堵板装配的通用性,具有操作方便、结构简单、成本低廉的特点,可以适用于各型转向架构架横梁钢管内堵板装配作业。

扫码观看视频讲解

(中车青岛四方机车车辆股份有限公司:
陈寿永,尚超,刘海明,徐西振)

7 机车端部装配焊接变形控制方法

一、问题描述

1. 端部装配现状简介

端部装配传统制造工艺为：端梁组焊、牵引横梁组焊、侧梁组焊→端部装配整体组对焊接。构件总成时使用的是焊接成型后的侧梁，其优点是侧梁在组焊过程中可以利用工艺装备，采取反变形、刚性固定等工艺措施来控制其变形量。在 HXD3C 型机车生产中，由于结构不同，侧梁是以单件拼装（包括：外立板、内立板、上盖板、底板）的形式在端部装配总成时完成的，这样就加大了总成时的焊接应力和焊接收缩力，增加了控制焊接变形的难度。底架总成时，构件与底架侧梁连接位置出现了局部错位的质量问题，如图1所示。

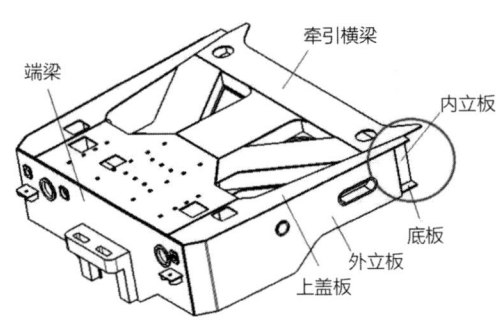

图1　端部装配与底架侧梁的连接位置

2. 端部装配主要焊缝变形分析

按照端部装配的结构特点和焊缝形式分析，影响构件产生变形的主要焊缝有：后端板与内、外立板的T形接头焊缝，牵引横梁与内立板的T形接头焊缝。

如图2所示，后端板与内、外立板的T形接头焊缝形式为13HY和Z13，两道焊缝的横向收缩，使内、外立板的后端向构件宽度中心方向产生偏移。由于焊工的焊接速度存在着一定的差异，使构件左、右两端焊缝产生了不同的收缩量，导致构件宽度方向的对称度出现了偏差。底架装配时，造成构件与底架侧梁产生局部错位现象。

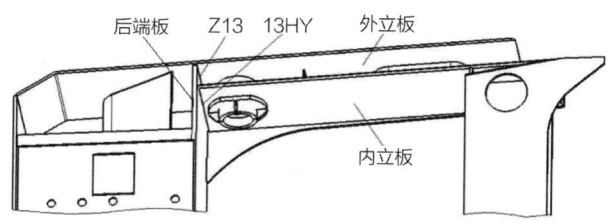

图 2　后端板与内、外立板 T 形接头焊缝位置

如图 3 所示，牵引横梁与内立板的 T 形接头焊缝形式为 13HY 和 Z13，以两道焊缝为轴线，角变形弯曲的程度与焊缝的距离成正比，轴线距 n 点的距离大于 m 点，所以两道焊缝焊接后 n 点位置产生偏移的程度大于 m 点。并且 n 点位置无其他部件做刚性支撑，焊缝的横向收缩使内立板产生了较大的角变形，导致构件的垂直度出现了偏差。底架装配时，造成构件与底架侧梁产生局部错位现象。分析后认为，在控制焊接变形的同时，采用合理的组对工艺以及合理利用工艺装备做保障，都是使焊接变形处于受控状态的必要条件。

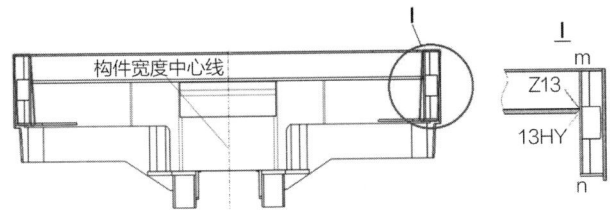

图3 牵引横梁与内立板T形接头焊缝位置

二、解决措施

1. 装配基准的选择

把传统的以端梁作为装配基准,调节为以牵引横梁作为装配基准,主要是因为质量问题发生在构件的后端,所以着重从这个位置进行控制。首先在组对平台的两侧各安装一组定位块及一套顶紧装置,均按照构件宽度中心线对称布置。总成时,将牵引横梁中心线与构件宽度中心线对齐后进行固定,作为新的装配基准。此时两侧的内、外立板与牵引横梁中心一定是对称的关系,然后再调节端梁至正确的位置,这样就可以防止因组对工艺不合理,而产生的装配误差。顶紧装置可以起到刚性固定的作用,受顶紧装置的约束,可以减小构件下端的焊接收缩量。从牵引横梁所处的位置和内、外立板之间的连接关系来看,把牵引横梁作为装配基准更有利于对质量的把控,如图4所示。

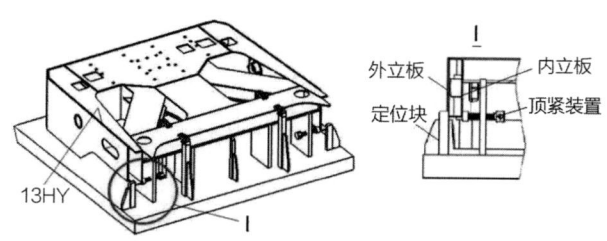

图4 定位块、顶紧装置的安装位置

2. 焊接收缩量的确定

通过对焊接收缩量数据的统计及分析,确定了构件焊接收缩量的具体数值。由于构件下端是焊接收缩量较大的区域,且无刚性支撑,所以两端定位块的相对距离设为3086mm(设计尺寸为3076mm),放大10mm的焊接收缩量;构件上端因为有牵引横梁作为刚性支撑,且焊接收缩量小于下端,只需留出焊缝收缩量即可,所以组对尺寸设为308mm,放大4mm的焊接收缩量。焊接后,构件上端宽度实测尺寸为3076±1mm;顶紧装置松开后,内、外立板的下端回弹至3076±1mm,构件的宽度尺寸达到了3076±1.5mm的技术要求,以上组焊工艺有效地降低了焊接变形对装配尺寸的影响。

如图5所示,牵引横梁与内立板的13HY焊缝,焊接层道数为5层8道,该焊缝焊接收缩力较大,对于构件的宽度尺寸及垂直度产生的影响也最大,故该焊缝可以放到底架装配工序进行焊接,因为构件与底架侧梁连接后强度有了保证,再配以工艺装备做保障,能够保证端部装配与底架的衔接质量。

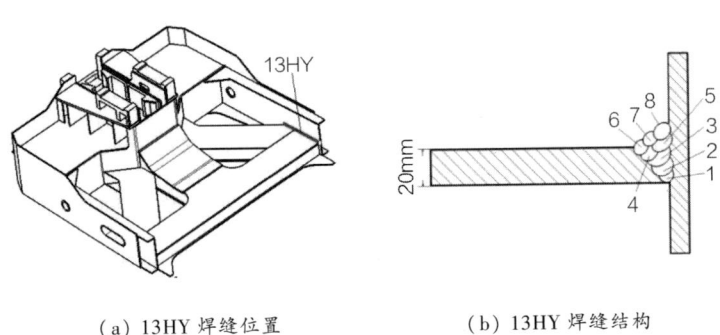

(a) 13HY焊缝位置　　　　(b) 13HY焊缝结构

图5　牵引横梁与内立板T形接头焊缝位置及焊缝形式

3. 选择精确的检测手段

为了保证构件的垂直度、对称度达到技术要求,检测方法也至关重要,传统检测方法由于受焊接变形的影响,检测数据误差较大。为了降低焊接变形对检测数据的影响,采用了可靠的检测手段，即在牵引横梁的中心位置，建立一个直角坐标系，利用勾股定律的原理进行测量。经过计算，只要斜边 AB 的尺寸为 1620mm，就能确保垂直度的准确性，如果另一端斜边的数值同样为 1620mm，说明内、外立板的垂直度、对称度全部达到技术要求，如图 6 所示。

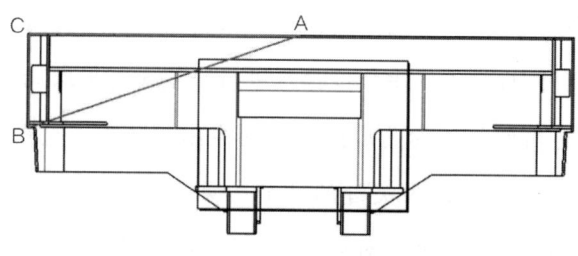

图 6　垂直度测量方法

4. 利用焊接收缩量调节垂直度

如图 4 所示，上盖板与外立板的对接接头焊缝形式为 13HY，该焊缝焊接后由于收缩作用，使外立板的下端向外产生偏移，对于 AB 值小于 1620mm 的一端，可以利用这一特性对垂直度进行微调；如果构件一端的 AB 值大于 1620mm，可以提前进行牵引横梁与内立板 13HY 焊缝的焊接，第一遍填充焊接后进行测量，如果 AB 值还大于 1620mm，再进行第二遍填充焊接。一般情况下，第一遍填充焊接后就能调节好这一端的垂直度。

三、实施效果

机车底架侧梁与端部装配的连接焊缝,要进行100%的超声波探伤,技术要求错边量为±1mm,所以构件的垂直度必须保证在±1mm的范围内,如果超出技术要求范围,由于构件焊后刚性较大,垂直度很难进行修复或需采取局部解体的方式进行修复。为此焊接变形的控制和装配工艺的改进,成为制造过程中最为关键的环节。通过采取合理的组焊工艺,使构件的垂直度及对称度得到了控制,最终保证了端部装配与底架侧梁的衔接质量,为探伤焊缝的焊接提供了质量保证。

扫码观看视频讲解

(中车大同电力机车有限公司:王宏军,刘艳响,李继欣,祁剑,谢志军)

8 三点交会位置焊缝打磨技巧

一、问题描述

很多焊接构架都存在三点交会位置的焊缝,如图1、图2所示,该位置空间狭小、焊缝层道多,打磨难度大,易产生MT(磁粉检测)缺陷,导致焊缝焊修量增大,同时过多的焊修增加了经济成本,降低了生产效率。

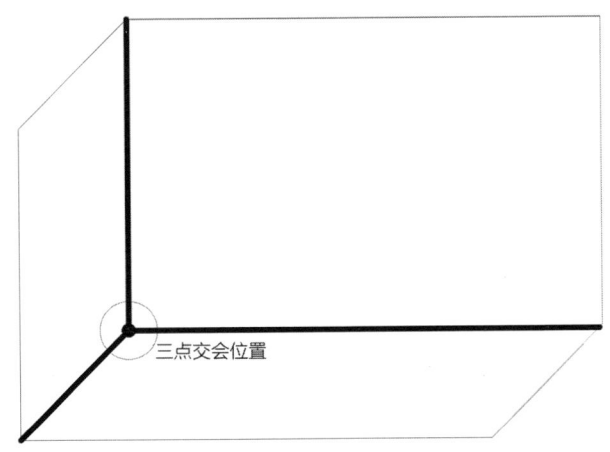

图1 三点交会位置示意图

图2 三点交会焊缝实物图

操作难点如下：由于空间狭小，修磨过程中极易出现伤及母材或焊缝熔合线去除不彻底的问题，造成 MT 缺陷，需要人工补焊修复并进行焊后调修，焊修难度大。

二、解决措施

根据上述问题，通过设计一种适用于三点交会位置的打磨操作手法，固化该位置打磨操作的具体步骤，形成一套具体的操作流程，使标准统一，便于员工执行。

操作过程如下。

（1）焊接完成后，检查焊缝是否留有 2~5mm 打磨余量。

（2）使用打磨样板画出打磨范围。

（3）使用 180mm 砂轮片进行一次粗磨，留有 1mm 以上打磨余量；使用 125mm 砂轮片进行二次粗磨，留有 0.5mm 打磨余量。

（4）对于空间狭小无法使用砂轮片进行粗磨的三点交会位置，使用合金螺旋锉对焊缝进行修磨以消除焊缝内部缺陷及熔合线，如图 3 所示。注意留有 0.5mm 打磨余量。

（5）使用 26mm×75mm 打磨砥石，采用"O"式垂直打磨法进行一次细磨，消除焊缝表面缺陷，将焊缝打磨圆滑，

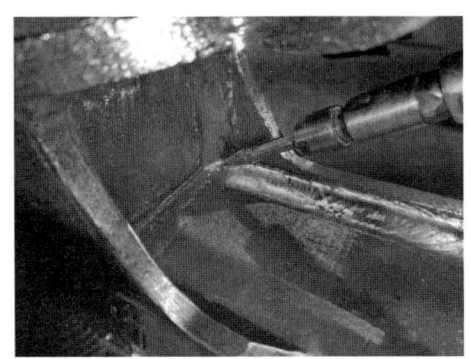

图3 合金螺旋锉修磨图

如图4所示。

图4 打磨砥石修磨图

"O"式垂直打磨法：在打磨三点交会处焊缝时，将打磨砥石垂直于交会处焊缝表面，并在交会处焊缝表面及周边区域单向移动，如图 5 所示，操作人员在打磨焊缝时利用手腕顺时针方向反复画出"O"形缓冲操作，实现对交会处及周边焊缝的打磨，如图 6 所示。采用该方法能够使得焊缝的边缘与相邻母材区域平滑过渡，避免由于倾斜打磨或用力过大带来的焊缝与相邻母材之间过渡区域表面形状不规则，同时便于打磨控制进给量，避免伤及母材。

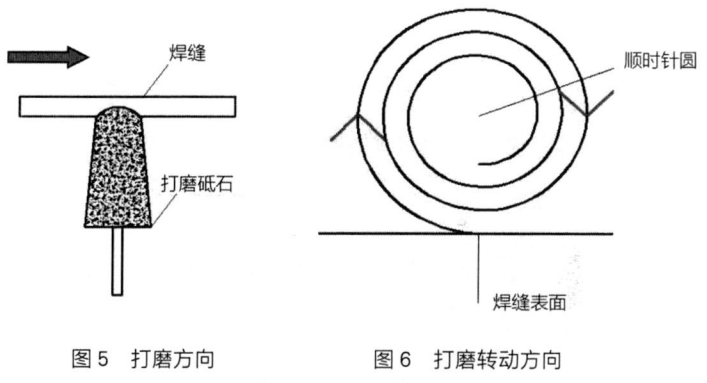

图 5 打磨方向　　　　图 6 打磨转动方向

注意在操作过程中，要使用多功能焊接检测尺对打磨进给量进行测量，如图 7 所示，避免出现伤及母材现象。

（6）使用 10mm×15mm 打磨砥石采取"O"式垂直打磨法对焊缝进行二次细磨，修磨焊缝表面纹理并将打磨与非打

图7 打磨进给量测量

磨区域进行圆滑过渡,从而完成该位置焊缝的打磨操作。

现场打磨完成后的现场实物如图8所示。

图8 打磨实物图

三、实施效果

上述措施实施后,有效地降低了该位置 MT 缺陷数量,避免在焊缝打磨时由于空间狭小造成的打磨伤及母材现象,从而降低了焊缝返修量,减少了人力及耗材使用量,同时该方法操作简单,通用性较强,使用效果良好,可在类似位置进行推广使用。使用前后具体效果对比如表 1 所示。

表 1 使用前后对比

项目	使用前	使用后
生产效率	有较大的修磨量	打磨质量显著提升,修磨量大幅减小,生产效率提升 75%
耗材	台车需使用较多打磨砥石、合金螺旋锉	台车耗材节约 75%
通用性	优化前无固定方法	适用于各种三点交会位置焊缝

扫码观看视频讲解

(中车青岛四方机车车辆股份有限公司:陶俊池,李卓,尹加干)

9 管材对接焊缝快速调平技巧

一、问题描述

1. 方管对接焊缝对接板面塌陷的现状简介

天津地铁4号线车体底架中梁与端底架为方管结构对接，端底架管端上板材受前道工序焊接影响出现大幅度下塌，这就导致对接焊缝错边。由于管材呈闭环形焊缝，无法从管材内部给力来顶出塌陷板材，只能从管材外找施力点来调平。塌陷焊缝如图1所示。

图1 塌陷焊缝

2. 原有操作方法及其存在的操作缺陷

原有操作方法为：选取一根强度合适的碳钢角铁做杠杆，利用支点加杠杆的强大力量，来拉起塌陷厚板。使用杠杆支点掰子调平错边，如图2所示。

该操作方法存在以下两个缺点。

其一，使用杠杆支点掰子存在很大的安全隐患，如果在按压杠杆的过程中，塌陷板与杠杆端头的点固焊点开裂，会造成操作工人突然扑倒在地，导致人身伤害。

其二，用身体下压杠杆，给力不稳定，力量大小随时间变动，并不能确保给力调平的瞬间，将对接焊缝点固，所以此方法对调平错边具有不确定性。

图 2　原有操作方法示意图

二、解决措施

1. 工艺措施

调整钢结构对接焊缝错边的方法有多种，如直接捶击调平法、先点固后捶击法、撬棍撬压法、F 卡夹平法、烤火调平法、液压压顶法等，这些方法都不能实现空间封闭型对接焊缝局部塌陷式错边的调整。原因是空间封闭型对接焊缝局部塌陷式错边的塌陷区域无法内部施力。

在现阶段能利用的施力点就是钢结构塌陷位置点固焊接施力体处，如现有技术使用杠杆支点掰子。由于现有技术的两个严重缺陷，生产中不再提倡使用该技术。

我们要本着发明一个"新型施力体",使它满足调控度可控、施力稳定、给力强度充足、具有自锁功能、操作简便、安全可靠这6个优化特点。

首选强劲给力且具有自锁功能的螺旋机构,经分析研究,制作带有稳定底座的螺旋杆主体载力架,确保了螺旋"进给力"能够稳定、可控、安全地施加在塌陷板面上。载力架设计成空间封闭型,可以确保焊缝局部塌陷式错边调平时施力稳定、安全可靠。

研制的新型焊接调平装置,如图3所示。

图3 新型焊接调平装置

2. 该焊接调平工装的操作方法

(1) 将"抓板铁"点固焊在塌陷错边板边缘。

（2）将调平器主架的轴承端部焊接的螺母与"抓板铁"顶端螺杆头螺旋紧固，并插入防脱销子，防止操作柄逆时针给力旋转时，螺母被轴承带动松动脱落。

（3）对操作柄逆时针给力，螺杆螺旋上行，带动"抓板铁"拉起塌陷板面。

（4）塌陷板被提升调平后，对该焊缝进行焊接。

（5）焊接完毕，用铁锤震掉点固在塌陷板面上的"抓板铁"（点固焊轻震即掉）。

（6）"抓板铁"脱落后，用磨片磨平点固焊瘤。

三、实施效果

通过研制该焊缝调平工装，得到以下4项优化效果。

（1）该发明工具结构轻巧、使用便捷、安全可靠，能达到快速、稳定调平塌陷板焊缝错边的目的。

（2）对比用杠杆掰子给力，该发明具备了减轻人力负荷、给力恒定、能实现给力自锁、不需要人体长时间提供给力的优点。

（3）对比用杠杆掰子给力，该发明具有安全性能好的优点，不会出现因点固焊点断裂，导致人员扑倒受伤的事故。

（4）给力强度方面，该发明利用了螺旋进给原理，承载力更大，能够调整错边量更大、板材更厚的塌陷面。

扫码观看视频讲解

（中车唐山机车车辆有限公司：吴深）

10 中厚板对接焊缝裂纹预防方法

一、问题描述

在机械产品生产制造过程中,中厚板、管的对接焊是常见的焊接生产要求,中厚板、管的对接焊极易出现焊缝内部裂纹缺陷,这类缺陷往往只能通过探伤方式发现,在焊缝表面检查和探伤过程中难以察觉,导致影响焊缝质量,严重时影响产品性能。

经过对某厚管对接试验件进行探伤,发现在焊缝根部出现连续缺陷波,经过解剖试验,发现焊缝根部裂纹。厚管对接焊采用多层多道焊方式进行,如图1所示。探伤显示在距焊缝上表面6~8mm处出现连续性缺陷波,结合试验件尺寸得到缺陷位置位于打底层与第二层焊道之间,如图2所示。对焊接试验件实物进行横切,获得焊缝横截面如图3所示,缺陷波为道间焊缝裂纹。

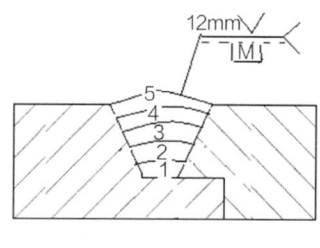

图1 厚管对接多层多道焊

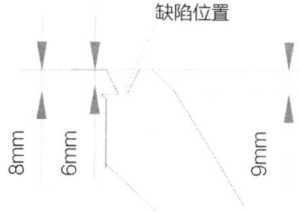

图2 探伤缺陷波显示位置

图3 试验件缺陷焊缝横切解剖图

二、解决措施

1. 问题分析与解决思路

对中厚板、管对接焊时，要采用钝边方式加工焊接坡口，当钝边过大时，打底焊与焊接的第二层焊道由于热胀冷缩原理，熔池温度高、体积大，而由于与钝边接近的位置温度低，在熔池冷却过程中钝边一侧冷却快、收缩大，随着冷却的进行，收缩受限形成冷却收缩拉应力，随熔池继续冷却拉应力逐渐增大，当收缩拉应力达到固液态熔池的结合力极限时，便会形成不连续的未熔合现象，产生应力裂纹，原理如图4所示。而通过探伤发现的缺陷位置恰位于一二层焊道间，可印证上述分析过程。

问题分析清楚后，解决方向主要在如何消除焊接热应力，故提出简单易操作的方式，通过切割应力释放槽来释放焊接热应力。

2. 改进方法与实施过程

在中厚板、管对接焊中，优先推荐采用插接式坡口，焊缝设计应远离刚度较大的应力集中区；在必须采用钝边对接焊工艺时，推荐焊缝坡口钝边加工厚度尺寸不超过5mm。

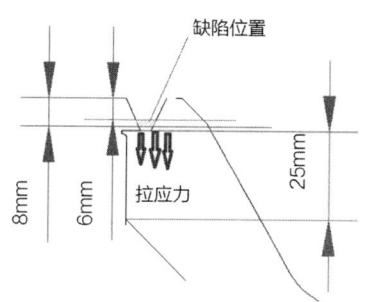

图 4　中厚板、管对接焊应力裂纹产生原理图

若在中厚板、管对接焊中，钝边厚度超过 5mm 或厚板刚度较大时，可采用切割应力释放槽的方式释放焊接过程中产生的热应力。此方法可采用车床或插刀进行机加工的方式进行，操作简单、经济方便，方法如图 5 所示。

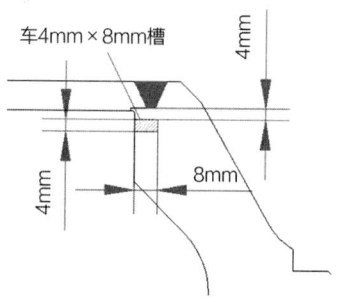

图 5　应力释放槽切割示意图

三、实施效果

通过对批量试验件切割应力释放槽后进行对接焊试验，对焊缝进行超声波探伤显示100%合格，另经X射线复验100%合格，证明应力裂纹消除，焊缝无缺陷产生。

中厚板对接焊由于厚板刚度大，极易生产焊接热应力裂纹，在中厚板对接焊过程中推荐使用插接式坡口，若必须采用钝边坡口加工时，优先推荐钝边加工厚度尺寸不超过5mm，当钝边厚度过大或焊缝处刚度过大时，可采用切割应力释放槽的方式释放焊接热应力，遵循以上焊接小窍门可避免焊缝应力裂纹产生，保证焊缝质量。

扫码观看视频讲解

（中车青岛四方车辆研究所有限公司：王聪，葛树森）

11 纵向梁焊接变形控制方法

一、问题描述

1. 纵向梁结构简介

轨道车辆转向架纵向梁是由上盖板、立板、内筋板、差压阀座、下盖板、筋板、底板及横向止挡座构成的箱形结构。见图 1 所示。

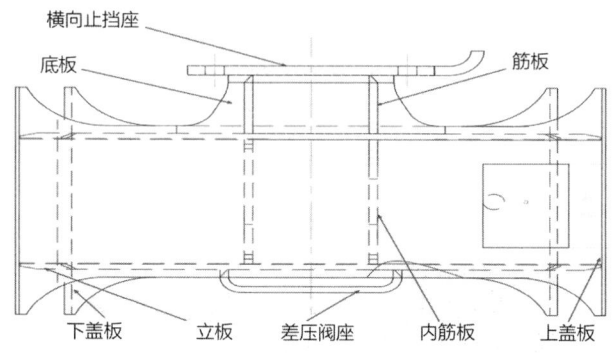

图 1 纵向梁结构

2. 现阶段工艺方法

(1) 选用母材。

纵向梁使用的是轨道车辆转向架构架常用的一种高强度低合金结构钢板 S355J2W，具有良好的可焊接性。化学成分如表 1 所示。

表 1 S355J2W 钢板化学成分

钢材牌号	质量的百分比（%）					
S355 J2W	C	Si	Mn	P	S	Cu
	0.05~0.12	0.20~0.40	0.80~1.60	0.030	0.006	0.25~0.40
	Als	Cr	Ni	Nb	Ti	Mo	V	Zr
	≥0.015	0.35~0.85	0.15~0.65	0.05	0.12	0.30	0.12	0.15

（2）刚性固定。

为降低纵向梁在自由焊接过程中的焊接变形，目前在焊接前使用工装夹具将其进行刚性固定，以减少焊接变形。固定方式如图2所示。

图2 纵向梁刚性固定

（3）焊接顺序。

纵向梁的焊接顺序如图3所示。焊接完成后，对纵向梁进行调修时，上下盖板变形量达到5mm，需要用机械加火焰的方法进行调修，由于较大的变形量，调修一个纵向梁需要4h，严重影响了产品质量和生产进度。

（4）画线调修。

组装横向止挡座和最终画线时均使用上盖板为基准面，但是纵向梁上盖板由于焊接已经产生了一定的变形，这样组

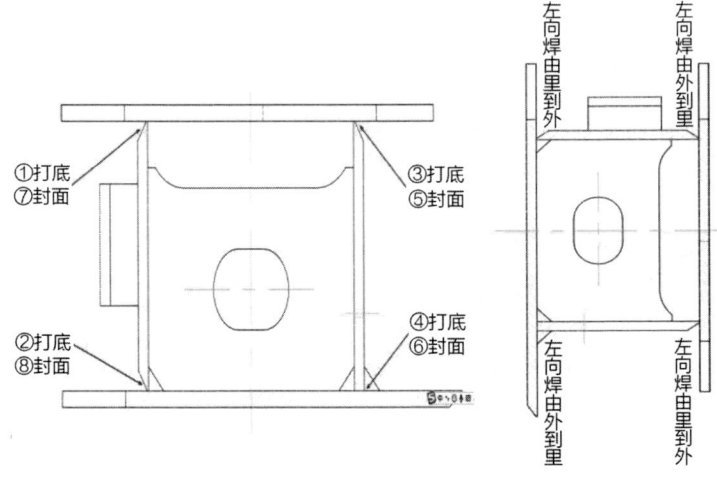

图 3 纵向梁焊接顺序

装横向止挡座时尺寸就出现了偏差,因此焊接后纵向梁横向止挡座满足不了工艺 181_{0}^{+1} mm 的要求,尺寸如图 4 所示。

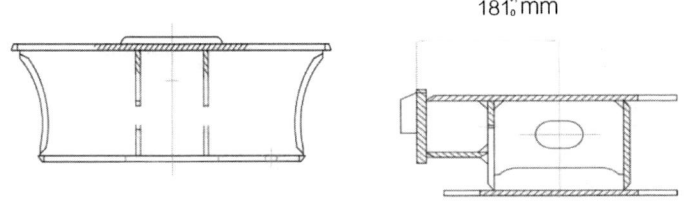

图 4 画线工艺尺寸

二、解决措施

根据目前工艺过程中出现的问题，可采取以下措施来减少焊接变形。

（1）优化焊接顺序：纵向梁上盖板背部有角焊缝，所以可以对称先焊接下盖板的打底焊缝，再如图 5 所示的顺序焊接，且局部焊缝通过焊枪向内勾的方式采取左向焊，保证焊缝焊接方向同向。通过上述方法将变形量控制在 2mm 以内。

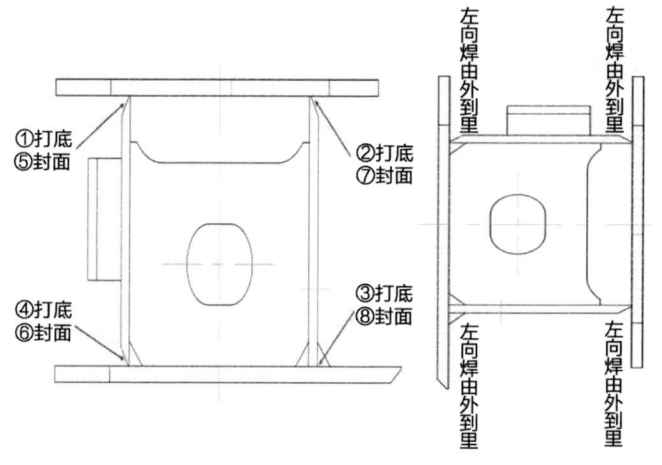

图 5　优化后的焊接顺序及焊缝方向

（2）提升差压阀焊缝成型：通过优化焊接顺序，减少了焊接变形，同时完善了立板与差压阀组装工艺流程，先独立完成立板与差压阀焊缝，避免出现上下盖板障碍的现象，保证焊枪的施焊角度，焊接完成后，焊缝成型美观。焊接后使用压力机将立板调平，解决了热影响区面凸起的难题，调修过程如图6所示。

图6 立板与差压阀独立完成方法

（3）优化画线基准：优化选择测量基准面，经过反复验证，扣合时只点固焊下盖板但是并未焊接，下盖板无变形量，所以在组装横向止挡座时以下盖板作为测量基准面组装的误差量较小，基准如图7所示。在最终画线时为了与横梁基准面保持一致，采用纵向梁上盖板作为测量基准面，如图8所示。

图7 组装横向止挡座时以带孔的下盖板作为基准面

图8 纵向梁上盖板作为测量基准面

三、实施效果

通过优化焊接顺序及局部焊缝采取焊枪内勾的施焊方式,将焊后变形量减少了4mm,节省调修时间7h。

通过优化工艺流程,使用立板与差压阀座组焊独立完成后,再进行纵向梁内筋组焊的方法,节约时间170min。

通过优化选择测量基准的方法，画线时在原有基础上有效将横向止挡座 Y 向误差减小了 2mm，将尺寸控制在了 182mm，并满足工艺要求，优化后的尺寸如表 2 所示。

表2　纵向梁改善前后数据对比表

序号	问题项点	整改前		优化后	
		变形量（mm）	工作时间（h）	变形量（mm）	工作时间（h）
1	纵向梁上下盖板焊接后扭曲变形	5~6	8	2	1
2	立板（左）与差压阀座焊缝成型不良及立板面垂直度不够	3	3	1	1/6
3	画线横向止挡座 Y 向超差	超公差上限 2~3	尺寸超差，生产无法流转	公差范围内	保证生产正常流转

综上所述，通过优化工艺流程、焊接顺序及选择画线基准面的方法，减少了纵向梁横向止挡座组装尺寸的影响，有效控制了变形，画线时工艺尺寸满足要求且立板垂直度控制在 1mm 范围内，焊缝成型美观，节约用时 1070min，此方法得到公司的认可，在批量生产中被广泛推广。

扫码观看视频讲解

（中车南京浦镇车辆有限公司：卢之强，马厚盼，包广镇，王广超）

下篇 焊接工装技能小窍门

1 工艺支撑快速拆卸方法

一、问题描述

在焊接结构中，为了防止焊接变形，在焊接前需要提前用焊接工艺进行支撑，通过刚性固定法来控制焊接变形，焊接完毕工件完全冷却后，再将工艺支撑拆下。通常为方便工艺支撑拆卸，只点固其一侧，拆除工艺支撑时，用手锤敲击支撑的另一侧，使工艺支撑脱落，敲击现场照片如图1所示。

图1 敲击现场照片

存在的问题：工艺支撑点固焊时焊点大小、焊点数量不一，因为点固焊通常用手锤敲，需要非常耗费体力才能脱落，有些更为牢固的，需要用角磨机将点固焊打磨到根部才能敲下，费时费力，且敲击力度不易控制，力度过大支撑容易飞出，存在人身安全隐患。因此，在集体作业时，锤击工艺支撑前，需要先通知周围同事注意避让，以避免安全事故的发生。通常，用手锤拆卸工艺支撑需要3~5锤才能敲下，当需要拆卸的工艺支撑数量很多时，非常耗费体力，效率也非常低。

二、解决措施

我们认为，需要发明一种简单实用的专门用于拆卸工艺支撑的工具，以达到节省操作人员体力，提高工作效率，避免出现安全事故的目的。

我们使用的工艺支撑是由较厚钢板切割而成的板条，工艺支撑横截面形状多是矩形。依照常用工艺支撑的形状规格范围，自制一种工具，正好可以卡住工艺支撑，利用杠杆原理，可以很轻松地将工艺支撑拆下。此工具如图2所示。

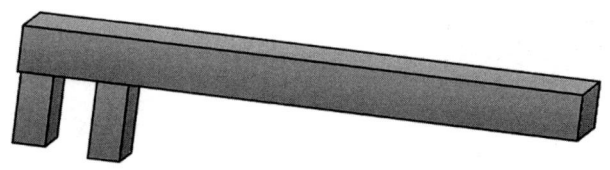

图2 自制工具示意图

随着在工作中的频繁使用，我们发现了此工具的许多不足之处。在平时工作中，遇上工艺支撑的截面尺寸相差较多时，此工具的固定卡口就存在卡不进去或卡不住工艺支撑的情况，使用起来也比较费力。因此将此工具做了改进，在此工具上加装了一套螺杆螺母结构，螺母与此工具前半部分固定，螺杆与手柄连接，通过转动手柄带动螺杆，就可以随意调整此工具的开口大小，这样在遇到不同尺寸的工艺支撑时，可以通过改变此工具开口大小来适应工艺支撑尺寸的变化。随后针对此工具使用起来比较费力的情况也做了相应的改进，由于此工具是利用杠杆原理达到比较省力地拆卸工艺支撑的目的，先前此工具手柄较短，杠杆效应不大，使用起来较为费力，所以随后加长了此工具的手柄，手柄越长，杠杆原理效应就越大，发出的力也就越大，以达到更加省力的目的。改进后的工具如图3所示。

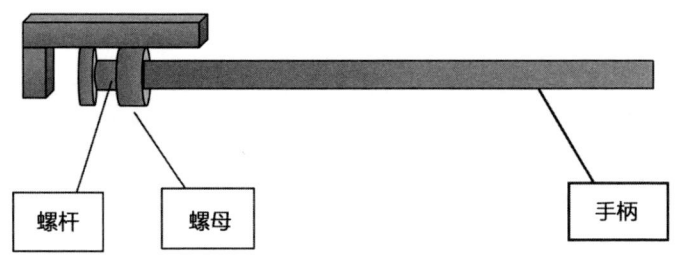

图3　改进后的工具示意图

根据工艺支撑的规格大小，通过转动手柄带动螺杆调整开口大小使之与工艺支撑粗细一致，再用此工具卡住工艺支撑未点固焊的那一侧，向点固焊的一侧扭转，利用杠杆原理就可将工艺支撑轻松拆下，如图4所示。

图 4　现场实操照片

三、实施效果

通过改进,大大提高了拆卸工艺支撑的工作效率,从用手锤敲击变成使用工具扭转轻松拆卸,降低了操作者的劳动强度,同时排除了工艺支撑飞出伤人的安全隐患。改进后效果如表 1 所示。

表 1　改进前后对比

项目	改进前	改进后
操作用时	20~60s	3~5s
劳动强度	高	轻
安全隐患情况	存在安全隐患	无安全隐患

通过以上工艺支撑拆卸方法的改进，在工作效率、劳动强度、安全情况上都有了极大的改善。在工作效率方面，按3c车型构架的一次小件工序算，一片构架有10个工艺支撑，一台车有两片构架，一台车的一次小件工序就需拆除20个工艺支撑，原方法拆除一台车的工艺支撑就需7~20min，通过改进，只需1~2min。在劳动强度方面，原先拆除一个工艺支撑需用手锤锤击3~5锤，一台车就需用手锤锤击60~100锤，通过改进，只需利用杠杆原理轻轻一掰即可拆下。在安全方面，原方法在用手锤拆除工艺支撑时，在锤下的瞬间，工艺支撑会飞出，有极大的安全隐患，通过改进，工艺支撑可以很安全地取下。

扫码观看视频讲解

（中车大同电力机车有限公司：李颜清）

2 构架狭窄空间焊接操作方法

一、问题描述

1. 焊接构架现状简介

该型构架的主要承载构件采用了符合 JISG 3114 标准的 SMA490BW 耐候钢板材和管材。主体框架呈 H 形,由两侧梁和横梁构成。侧梁为箱形断面,内腔作为气室使用,故焊缝质量要求高,横梁采用无缝钢管型材,CRH6 动车、拖车构架如图 1 所示,SMA490BW 板材中各化学成分所占比例如表

1所示。

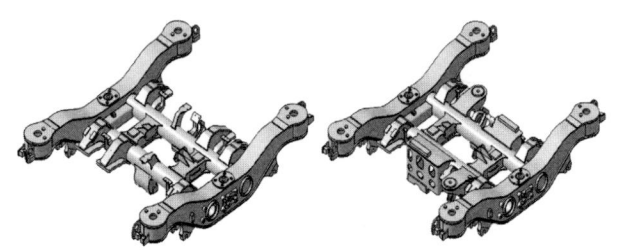

图1 CRH6动车、拖车构架示意图

表1 SMA490BW板材中各化学成分所占比例

C	Si	Mn	P	S	Cu	Cr	Ni
≤0.18%	0.15%~0.65%	≤1.40%	≤0.035%	≤0.035%	0.30%~0.50%	0.45%~0.75%	0.05%~0.30%

2. 构架焊接时存在的问题及改进方向

CRH6型构架结构紧凑，板材及焊材为耐候钢材质，焊缝可达性较差，要求焊工具有优秀的焊接技能，部分焊缝需要采取特殊方式才能完成焊接。

二、解决措施

1. 一位电机吊座（垫板一与辅立板三）处窄间隙焊接成型

一位电机吊座（垫板一与辅立板三）的间距为10mm，

最小深度 20mm，该处焊缝要求两道满焊，如图 2 所示。公司现有配套焊枪喷嘴的直径为 25mm，焊接熔池无法在根部形成。经过现场分析，焊枪喷嘴伸入如此小的空间无法实施焊接，只有增加焊丝干伸长（正常情况下焊丝干伸长 5mm 左右）到 12mm 左右，但是，若增加干伸长时保护气体不到位极易出现整道焊缝气孔，同时焊枪角度不理想，增加的干伸长碰触基础件边缘出现熔边现象。针对此处焊缝，焊工进行了专门的焊丝干伸长练习，同时在焊接该道焊缝前对焊缝位置预先通保护气体 10s，再实施焊接。通过这个方法，不仅在未增加任何投入的前提下，有效地解决了焊缝成型的问题，同时提高了员工的技能和参与解决问题的积极性。

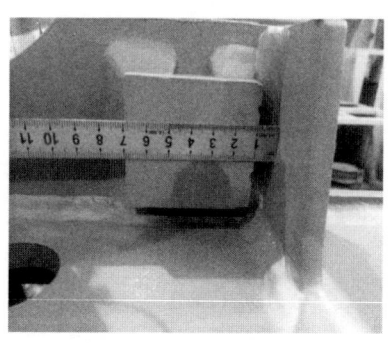

图 2　一位电机吊座处窄间隙焊接实物图

2. 动车横梁齿轮箱吊座内部盲焊焊缝焊接

动车横梁齿轮箱内部焊缝要求焊角尺寸为9.6mm，采用压道焊焊接，由于空间限制，导致视角无法观察到熔池的情况。焊后焊缝咬边严重，焊缝成型不良，局部焊角达不到要求，如图3所示。普通焊枪喷嘴至开关的直线距离为200mm，施焊过程中焊枪无法摆动。通过采购加长枪柄焊枪（焊枪喷嘴至开关直线距离为400mm），并且经过专项训练，可以焊出合格焊缝，同时特制焊枪除枪柄加长外，喷嘴、导电嘴等配件同原型焊枪配件一致，增加了配件的互换性，同时也能够满足生产要求。

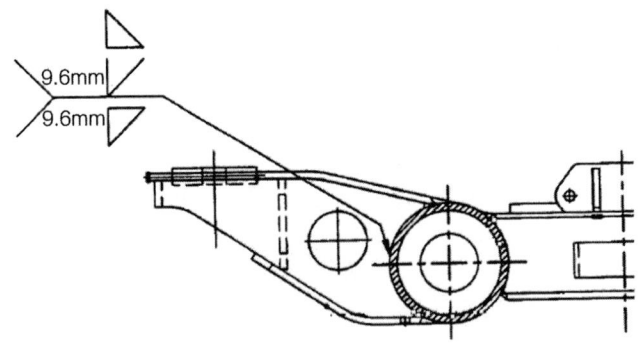

图3 动车横梁齿轮箱内腔焊缝简图

3. 侧梁内腔焊缝焊接

侧梁内腔空间狭小，同时深度较大，普通焊接方法与设备存在视角盲区，焊接过程中无法观察熔池的情况，如图4所示。同横梁齿轮箱内腔焊缝一样，采用特制加长焊枪，保证焊工能够在焊接过程中观察熔池，焊出合格焊缝。焊枪配件同普通焊枪一致，保证了互换性。

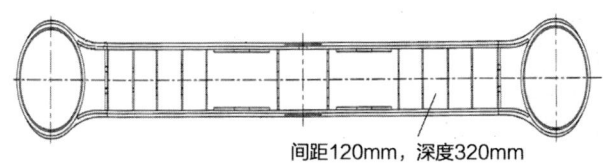

图4 侧梁内腔焊缝简图

三、实施效果

（1）城际动车CRH6转向架构架焊接可达性较差，在电机吊座部分焊缝焊接过程中，增加焊丝干伸长，同时进行保护气体预先处理，可以焊接出优质焊缝。

（2）横梁齿轮箱内腔焊缝、侧梁内腔焊缝采用普通焊枪，存在焊接视角盲区。根据实际部件模拟，采用加长特制焊枪，且采用与原型枪一致的配件，在满足焊缝等级要求的同时降低了焊枪维护的成本。

（3）侧梁多工序焊接后Z向变形较大，冷调导致上盖板凹陷超差，热调导致侧梁总长收缩超差。经分析主要变形发生在内腔工序，内腔工序后预调修8mm，可以解决侧梁上盖板凹陷及侧梁总长收缩问题。

扫码观看视频讲解

（中车南京浦镇车辆有限公司：丁立昕，何俊喜，何冬）

火焰下料割炬精确调整方法

一、问题描述

在机车钢结构投料生产领域中,板材下料工序是一个非常重要且不可缺少的关键生产工序。在数控火焰切割厚度为 12~75mm、宽度为 40~150mm 的尺寸范围内的(窄尺寸长条形)条形板料生产中,火焰切割设备上通常配备有 4 个火焰割炬,生产中易出现产品质量偏差大、板材利用率低、操作性能差的问题,增加了制造成本、降低了企业效率。

1. **在火焰割炬的尺寸调整方面易出现的问题**

因为没有任何的空间定位调整装置,所以无法准确地调整好4个割炬的空间切割位置,由于没有精确可靠的尺寸定位手段,调整后的火焰割炬位置,在前、后、左、右的各个方向上都存在很大的尺寸偏差,根本无法保证切割后板材的横向(X)、纵向(Y)、垂向(Z)和平面度(受热变形)等位置上的公差要求。

2. **在生产中易出现的问题**

(1)割炬横向(X),即左右方向的差值问题。割炬调整后,当出现每两个割炬之间左右方向的差值不等时,就会出现如图1所示的状况,个别的条形板料有可能在左右方向上切割不到位,实现不了完整的下料任务。

(2)割炬纵向(Y),即前后方向的差值问题。割炬调整后,当出现每两个割炬之间前后方向的差值不等时,就会出现如图2所示的状况,个别的条形板料有可能在前后方向切割不到位,实现不了完整的下料任务。

(3)割炬垂直向(Z),即上下方向的差值问题。割炬调整后,当出现个别割炬上下方向与板材平面不垂直时,就会出现如图3所示的状况,个别的条形板料有可能在垂直方向

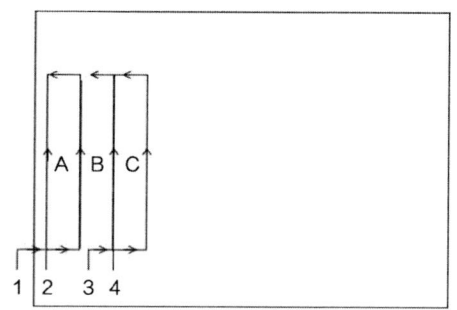

图 1 割嘴左右方向尺寸调整，造成宽窄尺寸不等

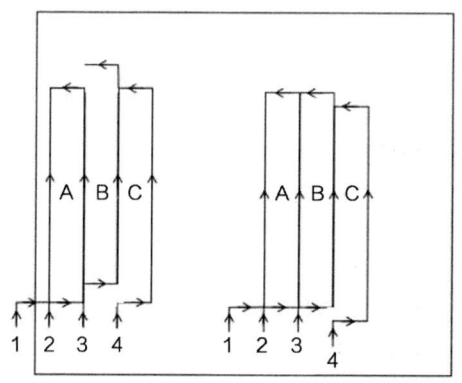

图 2 割嘴前后不一致，导致尺寸误差

切割不到位，实现不了完整的下料任务。

根据以上分析可知，若各个割炬位置不准确，会出现上述 X、Y、Z 方向的差值问题，导致产品尺寸不合格，造成材

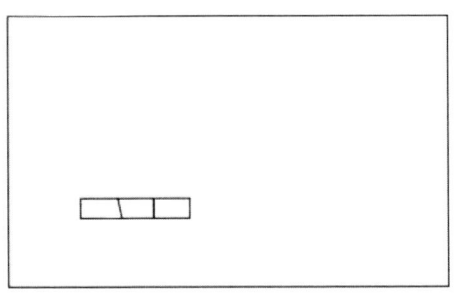

图3 割嘴垂直度不够，导致上宽下窄

料利用率低，严重影响条形板材的成品质量，甚至产生大量废品料。

二、解决措施

（1）该装置是由直角支架、支架横向滑道、定位座（4个），以及固定直尺组成的调整装置，该装置中的定位座是由定位螺栓、紧固螺母、卡具和定位针组成，如图4所示。

（2）该装置需水平安放在数控火焰切割机的工作台上，且要与被切割板材的平面垂直，板材的端面要与支架横向滑道平行。这样安放该调整装置的目的就是保证4个调整后的火焰割炬处于相互平行和垂直的状态，即保证切割出的板料X、Y、Z方向的准确性。

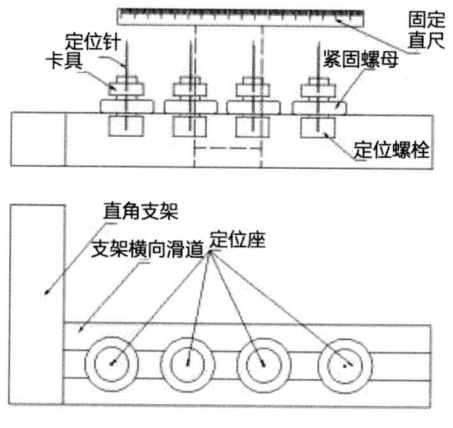

图4 割炬调整装置

(3) 该调整装置的使用方法为：先将调整装置的4个定位座的宽度尺寸，通过固定在卡具上的定位针和固定直尺的比对，调整到切割所需的尺寸。尺寸调准后，将定位座上的紧固螺母紧固好，然后再把数控火焰切割机上的4个焰芯割嘴拉到该调整装置上方，将4个焰芯割嘴内的火焰孔插入调整装置的定位针上，并紧固好，完成4个火焰割炬的尺寸调整工作。

(4) 此工艺方法确保1、2、3、4共4个割炬位置尺寸的精确度，即4个割炬在X、Y、Z这3个方向上必须要保持在准确规范的位置上，且要保证4个割炬之间垂直并列，四杆头火焰能率相似。操作时,割炬上的焰芯割嘴要同时切割,板材需同时受热,以防下料板材出现变形。见图5所示。

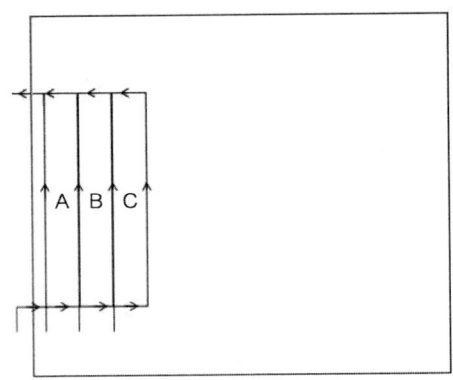

图5 割嘴前后左右垂直度好, 最终理想状态

三、实施效果

这种精确调整数控火焰割炬装置在机车下料的方式,可以实现理想的板材下料结果,提高材料利用率达85%以上,确保了割炬尺寸的调整精确度和使用灵活性,显著提高了条形板材下料的切割质量和工作效率,使工件在4个割炬火焰能率作用下受热均匀,切割质量稳定,可以一次性完成条形板材的下料任务,以很低的制造成本,创造出很大的经济效益,可以在本行业推广普及。

扫码观看视频讲解

(中车大连机车车辆有限公司：李勇，王振华，许广军)

4 角焊缝截面快速检测方法

一、问题描述

在国际焊工证和工作试件考试中,角焊缝焊接试件的横截面尺寸是必检项目之一,如图1所示。检测内容包含喉高和余高的截面尺寸,以及计算焊角单边尺寸等。依据国标 ISO 10042 和 ISO 5817 来评判铝及铝合金焊件和钢、镍、钛及其合金的焊件是否符合规定尺寸要求。

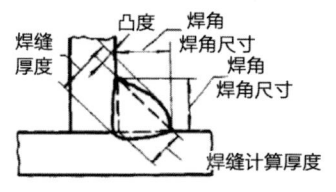 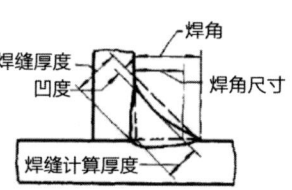

(a) 外凸角焊缝检测方法　　(b) 内凹角焊缝检测方法

图1　角焊缝横截面尺寸检测项目

以往通过"画线检测法"方式来测量角焊缝横截面尺寸，如图2所示。即使用记号笔或铅笔在试件截面画出与之相应的等腰三角形后，再用直钢尺量取需要的数值。

 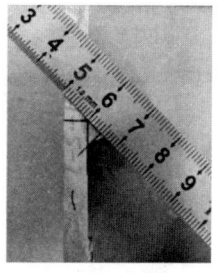

图2　画焊缝截面的测量线

"画线检测法"操作步骤烦琐，需要消耗较多的画线、测量时间，且存在画线不准现象。在时间要求较紧的情况下，难以满足大批量的角焊缝试样检测的时间要求。

二、解决措施

1. 设计"角焊缝检测尺"

根据焊工考试试件所涉及的角焊缝的 a 值和 Z 值,通过 CAD 画出 4 种规格的"角焊缝检测尺"样图,如图 3 所示。

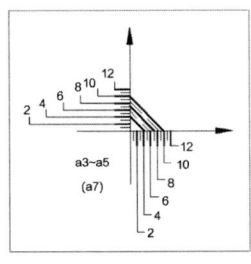

(a) a 值 3~7mm 的检测尺

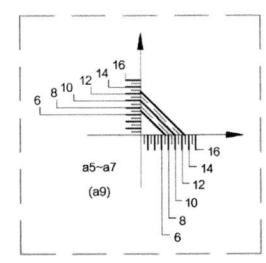

(b) a 值 5~9mm 的检测尺

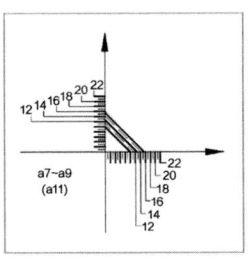

(c) a 值 7~11mm 的检测尺

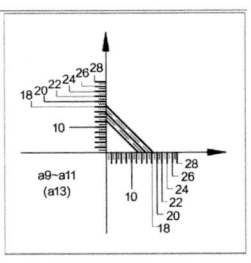

(d) a 值 9~13mm 的检测尺

图 3 4 种规格的"角焊缝检测尺"样图

2. 制作"角焊缝检测尺"

将图案输入激光打标机，在透明塑料片（聚碳酸酯）上打标出4种不同规格的"角焊缝检测尺"，如图4所示。

（a）将检测样板图输入激光打标机　　（b）激光在透明塑料片上打标样板

图4　"角焊缝检测尺"　样板图输入激光打标机并打标样板

3. 使用"角焊缝检测尺"

根据焊接试件焊角尺寸的大小，选取与之相应规格的"角焊缝检测尺"。把"角焊缝检测尺"置于焊接试件的截面上，"角焊缝检测尺"的X轴线和Y轴线对准焊缝侧的底部和立板的棱边，读取角焊缝的两个焊角高度值和差值，确定焊角单边尺寸；依据"角焊缝检测尺"上的45°斜线，读取焊缝的喉高和余高的截面尺寸。

示例1：如图5（a）所示，选用"a值9～13mm"规格的检测尺检测10mm板角焊缝。其横截面尺寸为：X轴方向（底板）焊角尺寸为14mm，Y轴方向（立板）焊角尺寸为

14mm，焊缝厚度为10mm，凸度为0.8mm。

示例2：如图5（b）所示，选用"a值3~7mm"规格的检测尺检测3mm板角焊缝。其横截面尺寸为：X轴方向（底板）焊角尺寸为5mm，Y轴方向（立板）焊角尺寸为5.5mm，焊缝厚度为3mm，凸度为1mm。

 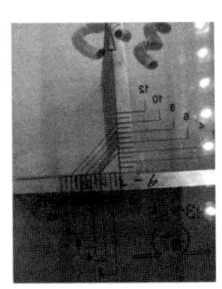

（a）10mm板角焊缝检测　　　（b）3mm板角焊缝检测

图5　角焊缝截面尺寸检测尺的实际应用

三、实施效果

100件铝合金角焊缝试件测量耗时对比如表1所示：

表1　改善前后对比

对比项目	改善前	改善后
检测时间（h）	8.3	2
人数（人）	2	1
合计工时（h）	16.6	2

通过制作4种不同规格的"角焊缝检测尺"，检测时直接覆盖在焊缝横截面上，考官就可以直接地观测到横截面的尺寸，这样操作既方便、快捷又不会出现检测值误读。较原来的"画线检测法"，检测效率提高了80%以上，大大减轻了评判者的工作量，有效提高了工作效率。

扫码观看视频讲解

（中车株洲电力机车有限公司湖南省株洲市：彭勇军，张健涌，唐亚红，梁涛）

5 箱形侧梁可调式变形控制技巧

一、问题描述

焊接构架侧梁定位臂、垂向减震器座焊接后易产生较大变形,焊前需在工件上焊接工艺梁以减小焊接变形,如图1、图2所示。

存在的问题如下。

(1)工艺梁使用过程烦琐,焊接后需使用角磨机打磨去除工艺梁,并修磨工件表面,增加了过多的作业时间。

图 1　定位臂防变形工艺梁　　图 2　垂向防变形工艺梁

（2）使用位置多是加工面，打磨去除焊点过程中易伤及母材，修复困难，造成质量隐患。

（3）工艺梁组装时需要焊接，会造成工件表面的局部焊接变形，影响表面的平面度。

（4）定位臂工艺梁需要 8 根/辆，使用寿命 8 辆车；垂向工艺梁需要 32 块/辆，使用寿命 1 辆车。两种工艺梁均更换频繁，使用周期短，消耗大量钢板、耗材及人工成本，经济性差。

二、解决措施

1. 改进方向

设计开发通用性较强的防变形工装，取消焊接防变形工艺梁，改进作业方式，提高作业效率，降低制造成本。

2. 防变形工装设计开发

（1）工装设计思路。

不能阻碍正常的施焊操作，使用周期长，工装通用匹配性较好，操作简便，使用时无质量及安全隐患。

通过对不同车型焊接变形及现场焊接防变形要求进行梳理，动车组、地铁侧梁的两定位臂座板间距的尺寸要求不同。受动车组侧梁垂向焊缝集中、余边较小等因素影响，导致结构复杂。为保证不同车型之间的通用性，根据尺寸范围设计"可调式防变形工装"，如图3、图4所示。

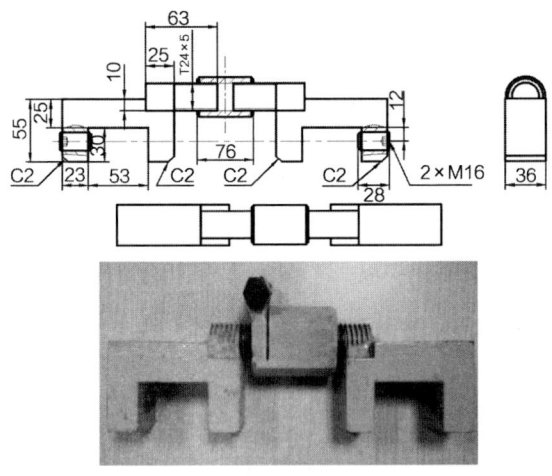

图3 定位臂防变形工装设计（单位：mm）

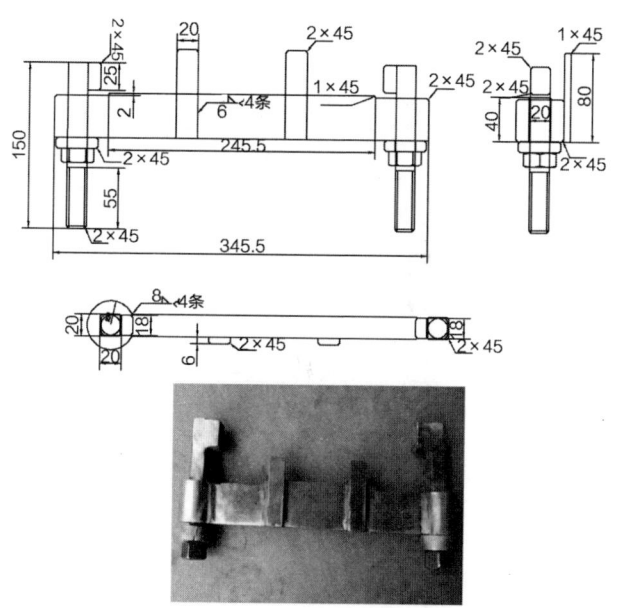

图4 垂向防变形工装设计（单位：mm）

（2）防变形工装的使用方法。

定位臂防变形工装由卡兰、反正螺栓、反正螺母、顶紧螺栓、紧固螺栓组成。将卡兰放置在定位臂座板上，通过旋转反正螺母调整尺寸，紧固顶紧螺栓及紧固螺栓。调节范围为126~202mm，能够满足所有在产车型的使用，如图5所示。

垂向防变形工装由挡铁、防变形梁、六角螺母、自制螺柱、定位板、垫圈及连接环组成，如图6所示。将定位板紧

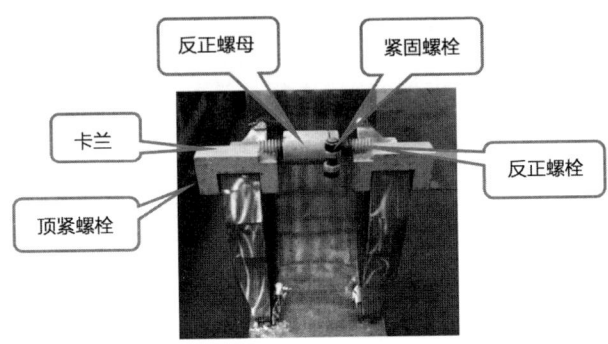

图 5 定位臂防变形工装使用

靠在端板侧面,根据端板厚度调节六角螺母,由于与螺母连接的自制螺柱的相互作用,使挡铁与防变形梁的夹紧范围可调,在 1~35mm 的板厚范围内,该装置可以满足所有在产车型的使用。调节完毕后拧紧六角螺母完成固定。

图 6 垂向防变形工装使用

三、实施效果

1. 防变形效果

现场各选取 5 组侧梁对工装进行使用效果验证,通过画线对使用工艺梁与防变形工装焊后的变形尺寸情况进行对比,防变形工装变形量小于工艺梁变形量,使用效果良好。如表 1 所示。

表 1　工艺梁与防变形工装尺寸对比表

焊接位置	防变形装置	变形量(mm)				
定位臂	工艺梁	3	3.1	3.4	3.1	3.5
	防变形工装	2.2	2.5	2	2.4	2.5
垂向减震器座	工艺梁	1.2	1.1	1.1	1.2	1
	防变形工装	1.1	1	1.1	1.1	1

2. 取得效益

使用工装替代工艺梁后,在工作效率、成本节约等方面起到明显的效果。经统计,在安装工艺梁过程中,定位臂组装、垂向组装需 2 人同时操作,使用防变形工装 1 人即可完成,共减少操作员工 2 人,年累计节约 4050 工时;在工艺梁原材料、加工成本、打磨耗材等方面的消耗大幅度减少，年累计节约114.78万元。

3. 小结

通过"可调式防变形工装"的设计应用，防变形效果优于原焊接工艺梁，工作效率大大提升，达到了减员增效的目的，取得了良好的经济效益。

扫码观看视频讲解

(中车青岛四方机车车辆股份有限公司：贾荣辉，陶俊池，商浩)

6 仰角焊缝自动焊接装置应用

一、问题描述

在 C70E 生产过程中，端墙组焊完成后进入上部组装流水线，与车架进行合装，合装后端板与端梁间形成搭接焊接头，端板厚度 5mm，焊缝焊角 5mm。此道焊缝原来采用半自动 MAG（熔化极活性气体保护电弧焊）焊接方法，PD 仰角焊接位置，焊丝直径 1.2mm，焊接电流 220~260A，焊接电压 24~30V，气体流量 18~25L/min，焊接速度 300~500mm/min。车架进入上部生产线后采用移动小车进行工位转运,端板与端梁间横仰焊缝距地面高度达到1.38m左右,焊工只能站在车端手持焊枪分别将1、2位端共5.2m的焊缝进行仰角焊缝焊接。

端板与端梁形成的焊缝处于水平下方,属于PD仰角焊接位置,这种焊接位置在焊接全位置中属于较难焊的一个位置,再加上本身两端焊缝长达5.2m,焊工需手持焊枪采用半弯腰姿势焊接,导致焊接更是难上加难。人工焊接导致焊缝成型差、焊接接头多、工作效率低、焊工劳动强度大等问题。长期以来,该工位由于这条焊缝,必须配备一位技师及以上级别的焊工,导致人才资源的严重浪费。

二、解决措施

1. 解决思路

针对问题现状,组织相关人员调查分析,确认将从以下两个方向加以改进。

(1) 将PD仰角焊通过车架翻转转变为PB平角焊,降低焊接难度。

(2) 通过设计制作焊接工装设备代替人工焊接,减少操作工工作量。

2. 工艺措施确认

（1）将PD仰角焊通过车架翻转转变为PB平角焊，降低焊接难度。

利用翻转机可将车体翻转，翻转后焊缝朝上，焊缝位置被架至近4m的高度，操作工需登高作业，车体没有相匹配的登高架，需进行配备，同时也增加了登高风险。

（2）设计制作焊接工装设备代替人工焊接，减少操作工工作量。

可设计制作一个横仰角焊缝自动焊接装置代替人工操作，该方案中自动焊机是相对成熟的，只需要解决自动焊机固定方式、行走轨迹等问题。设计焊接装置不仅将解放人力，同时能提高焊接质量。

通过对两个改进方向的对比，发现第二种方案最佳，最终确定采用第二种改进方案。

3. 改进措施

（1）自动焊接装置设计制作。

对车间现有磁力焊接小车结构进行适应性改造，在不改变原结构的情况下，设计制作PD仰角焊缝自动焊接装置，以端墙下横带为行走跟踪轨迹，因端墙横带为斜坡面，行走时向下滑动造成焊枪与焊缝偏离，所以在该装置设有横向下导向轮及横带调整磁铁及限位滚轮，通过改变磁铁间隙可对该装置与端墙横带的吸力大小进行调整，使焊接装置紧贴横带行走（相当于让壁虎在墙面持焊枪按设定的轨迹进行焊接），以实现焊枪以端墙横带为基准对端板、端梁焊缝的自动 MAG 焊接。设计图如图 1 所示。

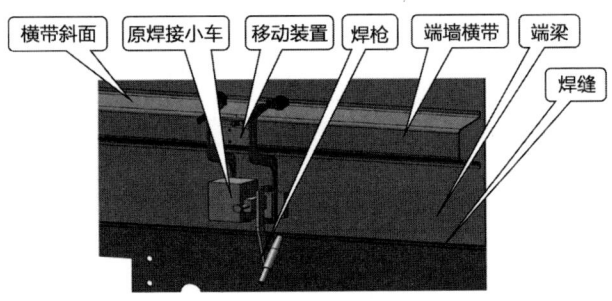

图 1　自动焊接装置设计图

（2）措施实施。

按照设计图设计制作横仰角自动焊接装置，实物如图 2 所示。将该装置进行现场焊接工艺参数调试和焊缝试验，焊缝力学性能满足标准规定的机械性能要求，焊接工艺参数与半自动 MAG 焊相同，焊接后焊缝如图 3 所示，该装置按设定轨迹稳定行走，使焊枪与焊缝无偏离现象，可以满足焊接要求，同时减少焊工工作量。

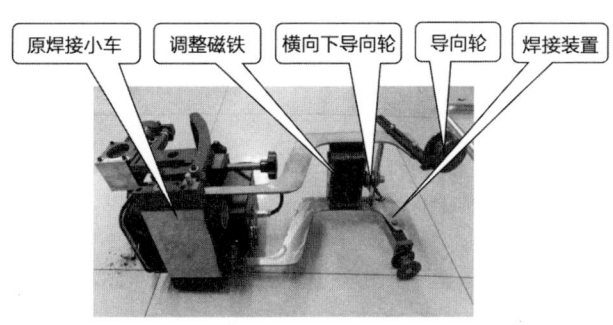

图2　横仰角焊缝自动焊接装置

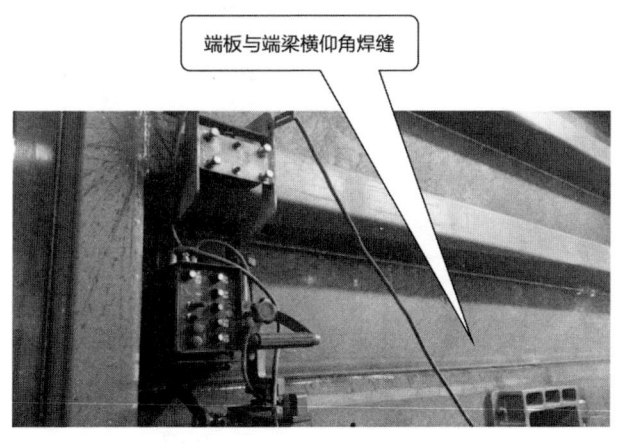

图3　现场端板与端梁横仰角焊缝

三、实施效果

进行改进后对500辆C70E端板与端梁横仰角焊缝效果进行追踪，将前期操作工焊接效果与采用横仰角焊缝自动焊接装置的焊接效果进行对比，对比如图4所示（图中的数值越高，代表焊缝成型效果越好、劳动强度越低、技能等级要求越低）。

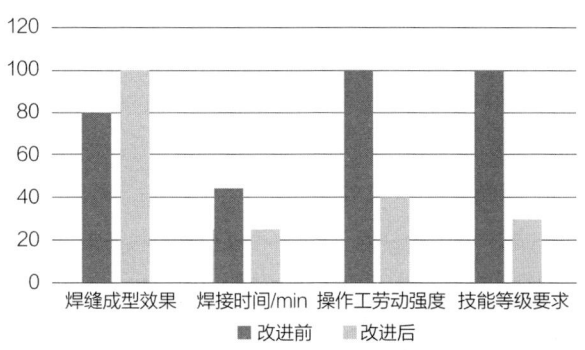

图4 效果对比图

经验证，此装置运行稳定，实现焊缝一次成型，无焊缝接头现象，保证了焊缝成型、焊接质量和焊接可靠性，减轻了焊工的劳动强度。同时降低了对焊工的技能要求，节约了车间高技能焊接人才，让高技能人才能够发挥出更大价值，有助于推动车间产品质量的提升，为车间发展提供了强有力的技术支撑。

经过 C70E 长期生产验证，设计制作的横仰角焊缝自动焊接装置解决了人工焊接的缺陷与不足，满足了焊缝性能和生产需求。该装置可用于类似敞车车型的横仰角焊缝的焊接，在拆除该装置后，也能满足其他产品的焊缝焊接。

扫码观看视频讲解

（中车太原机车车辆有限公司：郭世江，罗亚琴）

7 自动焊接生产线焊接变形控制方法

一、问题描述

1. 现状简介

C70E型敞车角柱由角柱和角柱加强板组焊而成，如图1所示。当前制作的主要工序为角柱入料、角柱加强板入料、定位组装、自动焊接、清渣、调平。

2. 存在的问题及改进方向

该工艺依靠简易工装配合自动焊接小车完成，上、下料

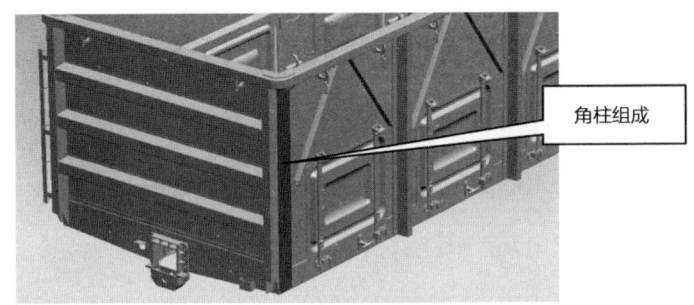

图 1　角柱组成

均需要人工搬运、定位,操作者劳动强度大,质量不易保证。一次只能对一件产品进行组焊,且焊接后如果产生变形,需要转移到下道工序进行调平,如图 2 所示。产品周转时间长,严重制约生产效率。

图 2　原 C70E 角柱自动焊接生产线

二、解决措施

1. 改进措施

为改善以上问题,提出了改善角柱自动焊接的新工艺方法,研制出了 C70E 角柱自动焊接生产线,如图 3 所示。该生产线可以实现上、下料半自动化。采用风动定位夹紧,可以实现两件产品同时生产。此外,增加液压站实现了产品的反变形预制,减少了调平工序,降低了劳动强度,减少了产品周转时间,提升了生产效率。

图 3 C70E 角柱自动焊接生产线

(1) 原工艺路线。

原工艺路线为:角柱、角柱加强板入料—组装—自动焊接—清渣—检查—调平,如图 4 所示。

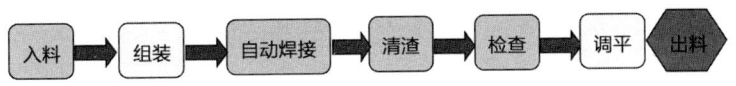

图4 原工艺路线

(2) 改善后的工艺路线。

研制C70E角柱自动焊接生产线后的工艺路线为：角柱、角柱加强板入料—组装（挠度预制）—自动焊接—清渣—检查，如图5所示。

图5 改善后的工艺路线

2. 操作手法

第一步：半自动化上料。

角柱放入上料工位后，操作员工按下电控开关，执行辊轴转动来传输工件，工件到达位置后，关闭执行开关，辊轴停止。利用链条传动、风缸顶出等方式实现角柱和角柱加强板的自动上料，如图6所示。

当角柱放入上料工位后，需通过操作员工走到上料平台下方，按下电控开关执行辊轴转动来传输工件，工件到达位置后，要让辊轴停止也需关闭执行开关。

图6 半自动上料

第二步：组装（挠度预制）。

将角柱和角柱加强板通过定位装置快速组装在一起，并通过内置液压站的方式，利用油缸和限位装置对待焊接的工件进行挠度预制，如图7所示。焊接工位中采用气压、液压双动力系统配合将工件推入、压紧固定到指定工作位置，按下操控液压控制开关预设挠度，由于物料批次不同，焊接变形量可能会有所变化，因此顶块和油缸采用螺栓连接，便于调节高度达到实现反变形量可调的目的。焊接后的工件平面度每米不超过2mm，满足工艺要求。

第三步：自动焊接。

该生产线两侧分别配备自动焊接小车，实现同时作业，

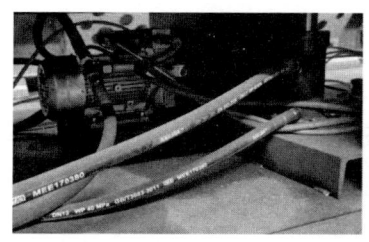 

图 7　挠度预制及液压装置

可以单独控制和调整，互不干涉，开启自动焊接程序，3min后完成焊接。

第四步：清渣。

自动焊接完成后，通过流水线平台下方的气动操控开关松开工件压紧、顶紧装置，操作人员在工作台面上完成清渣工作。

第五步：检查。

落实公司三检制质量检查制度，对完成焊接后的组件进行焊接质量检查，质量不合格的进行磨修。

第六步：半自动化出料。

通过操作退料按键，将组焊完成后的组件传送到码放工位。

三、实施效果

1. 半自动化上、下料降低劳动强度

利用链条传动、风缸顶出等方式实现了角柱和角柱板的自动上料和产品的出料,大大减少了手工上、下料,降低了操作者劳动强度。

2. 两侧同时焊接作业,提升生产效率

该生产线两侧分别配备自动焊接小车,实现同时作业,可以单独控制和调整,互不干涉,在极大提升作业效率的同时兼具灵活调整的可操作性,如图 8 所示。

3. 实现焊接反变形预制,减少一道工序

通过内置液压站的方式,利用油缸和限位装置对待焊接的工件进行挠度预制。满足工艺要求,减少了角柱调平工序,提升了生产效率。

4. 电气化控制,降低操作难度,节省人力

(1) 该生产线中除焊接小车外,其他功能的实现全都集中在一个控制柜上。液压缸、风动缸与三组传送轴滚均一体化设计在一个操控台上,各动作均单独控制、分别显示,便于观察工作状态。三相电源均有电源指示灯进行显示,避免

图 8 双自动焊接作业及焊缝质量

电源缺相造成操作和使用中的故障发生。全部工作过程操作简便，一个人即可完成所有功能操作，无须其他人配合，如图 9 所示。

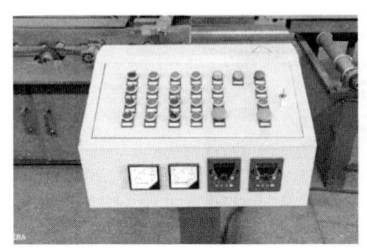 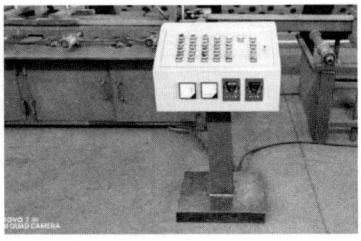

图 9 电气化控制柜

（2）电器操作台的使用，使流水线各动作得到集成模块化控制，减少了不必要的频繁走动，同时每个角柱自动焊接操作时间缩短了大约 5min，每辆车由 4 个角柱组成，单辆车可节约用时大约 20min。

5. 安全防护

（1）采用三相五线制供电，有专用地线保护，安全性高。

（2）气缸管路、电气线路全部用蛇皮管防护，防止焊接火花将其烫伤损坏。

（3）链条传动部分安装防护罩，保证设备运转安全。

（4）双重停止控制，可实现遇急、遇险状态紧急停止各动作，保障了操控安全系数。

6. 减少浪费，降低生产成本

该生产线在 2020 年 C70E 新造车生产中得到了应用，截至目前，总体性能稳定、产品质量合格率达 99% 以上，劳动强度低、生产效率提升明显。

该生产线投入使用前，2 人单班完成 6 辆车（24 件）的产品制作，组焊后还需要调平，每件产品调平时间为 15min，需要人员 2 人。投入使用后，2 人单班即可完成 15 辆车（60 件）角柱组焊工作，组焊效率提升了 150%。此外，每件产品减少了调平工序，按 400 辆新造车计算，节约工资支出：$(400 \div 6 - 400 \div 15) \times 18.6 \times 2 \times 8 + 1600 \times 15 \div 60 \times 18.6 \times 2 = 26784$ 元。

该小窍门通过操作一个控制柜，即可完成除焊接小车外的所有功能的操作和控制，集成化程度高，操作简便。使用简单可靠，维护保养方便；提高了产品质量，提升了生产效率，达到了自动化、少人化的效果。经过调研，该装备的研制在同行业焊接模式中属于首创，具有较高的推广价值。

扫码观看视频讲解

(中车石家庄车辆有限公司：邢忠东，吕华，叶飞，杨娇，王磊，曹宝刚，王峰)